建筑工程施工职业技能培训教材

钢 筋 工

建筑工程施工职业技能培训教材编委会　组织编写
李　波　主编
梁绍平　梁　超　主审

中国建筑工业出版社

图书在版编目（CIP）数据

钢筋工/建筑工程施工职业技能培训教材编委会组织
编写，李波主编. —北京：中国建筑工业出版社，2015.8
建筑工程施工职业技能培训教材
ISBN 978-7-112-18355-5

Ⅰ.①钢… Ⅱ.①建… ②李… Ⅲ.①建筑工程-钢
筋-工程施工-技术培训-教材 Ⅳ.①TU755.3

中国版本图书馆 CIP 数据核字（2015）第 183970 号

本书是根据国家有关建筑工程施工职业技能的最新标准，结合全国建设行业全面实行建设职业技能岗位培训的要求编写的。以钢筋工职业资格三级的要求为基础，兼顾一、二级和四、五级的要求。全书主要分为两大部分，第一部分为理论知识，第二部分为操作技能。第一部分理论知识分为三章，分别是：建筑基础知识，钢筋工专业知识，钢筋工相关知识。第二部分操作技能分为五章，分别是：钢筋翻样及配料，钢筋加工，钢筋连接与安装，钢筋加工机械使用安全，施工质量检查和验收。

本书注重突出职业技能教材的实用性，对基础知识、专业知识和相关知识需要掌握、熟悉、了解的部分都有适当的编写，尽量做到图文结合，简明扼要，通俗易懂，避免教科书式的理论阐述、公式推导和演算。

本书可作为建筑工程施工职业技能鉴定和考核的培训教材，适合建筑工人自学使用，也可供大中专学生参考使用。

责任编辑：刘 江 范业庶

责任设计：张 虹

责任校对：赵 颖 陈晶晶

建筑工程施工职业技能培训教材

钢 筋 工

建筑工程施工职业技能培训教材编委会 组织编写
李 波 主编
梁绍平 梁 超 主审

*

中国建筑工业出版社出版、发行（北京西郊百万庄）
各地新华书店、建筑书店经销
霸州市顺浩图文科技发展有限公司制版
北京圣夫亚美印刷有限公司印刷

*

开本：787×1092 毫米 1/16 印张：7¾ 字数：186 千字
2015 年 12 月第一版 2015 年 12 月第一次印刷
定价：**24.00** 元
ISBN 978-7-112-18355-5
（27612）

建筑工程施工职业技能培训教材编委会

（按姓氏笔画排序）

王立越	王春策	王瑞珏	艾伟杰	卢德志	田　斌	代保民
白　慧	乔波波	严伟讯	李　波	李小燕	李东伟	李志远
李桂振	何立鹏	张囡囡	张庆丰	张胜良	张晓艳	陆静文
季东波	岳国辉	宗廷博	赵王涛	赵泽红	郝智磊	段雅青
黄曙亮	曹安民	鹿　山	彭前立	焦俊娟	阚咏梅	薛　彪

前　言

本教材根据国家有关建筑工程施工职业技能标准，以钢筋工职业要求三级为基础，兼顾一二级和四五级的能力要求而编写。

本教材内容共分为两部分，第一部分为理论知识，共三章，包括建筑基础知识、钢筋工专业知识、钢筋工相关知识；第二部分为操作技能，共五章，包括钢筋翻样及配料、钢筋加工、钢筋连接与安装、钢筋加工机械使用安全、施工质量检查和验收。

本教材根据建设行业的特点，注重突出职业技能教材的实用性，对基础知识、专业知识和相关知识需要掌握、熟悉、了解的部分都有适当的编写，尽量做到图文结合，简明扼要，通俗易懂，避免教科书式的理论阐述、公式推导和演算，是当前职工技能鉴定和考核的培训教材，适合建筑工人自学使用，也可供大中专学生参考使用。

本教材是由李波主编，梁绍平、梁超主审，教材编写时还参考了已出版的多种相关培训教材，对这些教材的编作者，一并表示感谢。

在编写过程中，虽经推敲核证，但限于编者的专业水平和实践经验，仍难免有不妥甚至疏漏之处，恳请各位同行、专家和广大读者批评指正。

目　　录

第一部分　理 论 知 识

第二部分　操 作 技 能

第一部分

理 论 知 识

第一章 建筑基础知识

第一节 建筑工程施工图

一、建筑施工图

建筑工程施工图是用投影的方法来表达建筑物的外形轮廓和大小尺寸，按照国家工程建设标准有关规定绘制的图纸。它能准确表达出房屋的建筑、结构和设备等设计内容和技术要求，是现代工程建设生产活动中不可缺少的技术文件，也是借以表达和交流技术思想的重要工具。因此，工程图纸被喻为"工程界的语言"。从事工程建设的施工技术人员的首要任务是要掌握这门"语言"，具备看懂工程图纸的能力。

（一）施工图分类

一套完整的施工图除了图纸目录、设计总说明书外，还应包括建筑施工图（简称"建施图"），主要表示房屋的建筑设计内容；结构施工图（简称"结施图"），主要表示房屋的结构设计内容；设备施工图（简称"设施图"），包括给水排水、采暖通风、电气照明等各工种施工图三大类。各类专业图纸又分为基本图和详图两部分。基本图纸表明全局性的内容；详图表明某一构件或某一局部的详细尺寸和做法等。

（二）施工图编排顺序

一套完整的施工图是由各专业工种绘制完成后，要统一装订，一般是全局性的图纸在前，局部性的图纸在后，下面依次介绍各工种图纸的主要内容：

1. 图纸目录

主要说明该工程由几个工种专业图纸组成，内容包括图纸的名称、张数和图号。

2. 总说明

主要说明工程的概况和总要求。内容包括设计依据、设计标准、施工要求等，一般门窗汇总表也列在总说明页中。

3. 总平面图

简称"总施"，表明新建建筑物所在的地理位置和周围环境。

4. 建筑施工图

简称"建施"，主要说明建筑物的总体布局、外部造型、内部布置、细部构造、装饰装修和施工要求等，其图纸主要包括总平面图、建筑平面图、建筑立面图、建筑剖面图、建筑详图等。

5. 结构施工图

简称"结施"，主要说明建筑物结构设计的内容，包括结构构造类型，结构的平面布置，构件的形状、大小、材料要求等，其图纸主要有结构平面布置图、构件详图等。

6. 给水排水施工图

简称"水施"，主要表示管道布置和走向，构件做法和加工要求等。

7. 采暖通风施工图

简称"暖通施工图"，主要表示管道布置及走向，构件的构造安装要求。

8. 电气施工图

简称"电施"，主要表示照明及动力电气布置、走向和安装要求。

二、图纸审核

用于工程的施工图，往往因为设计人员的疏漏及对工程要求理解不深刻，对施工规范和标准不熟悉，现场情况不了解等原因以及施工人员对图纸有疑问，对设计意图的理解有误和图纸的种类、数量不足等因素，必须对其进行统一审核，解决并消除图纸上的问题和疑问，使之符合工程实际，并且使施工人员能够充分理解设计意图，避免施工中发生问题。

1. 施工图审核的作用

(1) 通过审核，使施工人员充分学习图纸，增强对工程设计意图的理解。

(2) 通过审核图纸，促使施工人员掌握规范标准。

(3) 通过审核图纸，消除对图纸设计的疑问和误解，预防质量事故的发生，防患于未然。

(4) 为施工布置、构件加工、工程投标打下基础。

(5) 有利于增强与各责任方（如业主、勘察、设计、监理、材料供应单位等）的联系与沟通。

(6) 明确各责任方的职能、义务和责任。

2. 施工图审核的程序

(1) 组织有关工程技术人员（项目经理、技术负责人、预算员及钢筋工、砌筑工、模板工、混凝土工等）学习图纸。

(2) 组织内部预审。图纸学习完毕后，由施工单位技术负责人组织内部预审，将图纸中的问题及图纸的建议要求统一意见，形成图纸会审记录。

(3) 图纸会审。由业主、勘察、设计、监理、材料、设备供应单位的有关人员共同对设计图纸进行审核，统一意见，解决有关问题，消除图纸上的疑问，形成图纸会审记录。

(4) 会审记录。经有关负责人复审，对图纸中的疑问和重大技术问题解决后，主要负责人签字，主要责任方盖章。

3. 施工图审核的主要内容

(1) 设计计算的假定和采用的处理方法是否符合实际情况，施工时是否有足够的稳定性，对安全施工有无影响。

(2) 设计是否符合施工条件，如需要采用特殊施工方法和特定技术措施时，技术上以及设备条件上有无困难。

(3) 结合生产工艺和使用上的特点，对建筑安装施工有哪些技术要求，及施工能否满足设计规定的质量标准。

(4) 有无特殊材料要求，如材料品种、规格、数量能否满足。

(5) 建筑、结构、设备、安装之间有无矛盾，图纸与承包项目及说明是否相符和齐全，规定是否明确。

（6）图面尺寸、坐标、标高有无错误。

（7）采用新工艺、新材料、新结构的工程，施工机具、设备能力、技术上有无困难，能否采取技术措施予以解决。

（8）有无需要改变设计的合理化建议。

如，审核钢筋图纸时，主要查对配筋图上的钢筋编号与明细表中的编号在品种规格、数量及形状是否一致，有无遗漏，密集部位钢筋的相互关系，以及设计的钢筋在加工、运输和绑扎施工中是否可行。

第二节　房屋构造

一、房屋构造基本知识

房屋建筑可分为民用建筑和工业建筑两大类。

一般民用建筑主要由基础、墙、柱、楼板、楼地面、楼梯、屋顶、门窗等部分组成。

基础位于墙、柱的下部，起支承建筑物的作用。承受建筑物的全部荷载，并下传给地基。

承重墙和柱起承重作用，将上部结构传来的荷载及自重传递给基础。墙体同时还起围护和分隔作用。

楼板承受作用在其上的荷载，连同自重传递给墙或柱。楼板要有足够的强度和刚度。

楼梯是楼房建筑的垂直交通设施，供人们平时上下和紧急疏散时使用。

屋顶是建筑物顶部的围护和承重构件。由屋面和屋面板两部分组成。屋面抵御自然界雨、雪侵袭，屋面板承受着房屋顶部的荷载。

门窗属于非承重构件。门主要用作内外交通联系及分隔房间；窗的作用是采光和通风。除上述六大组成部分以外，通常还有一些附属部分，如阳台、雨罩、台阶、烟囱等。

二、常用图例与构件代号

建筑工程制图过程中会有很多图例和符号，它是表示图样内容和含义的标志。材料图例是按照"国标"要求表示材料或构件图形，见表1-1（参照现行国家标准 GB 50104—2010）。构件代号是为书写简便常用拉丁字母代替构件名称。常用的建筑构件代号见表1-2（参照现行标准 GB 50105—2010）。

建筑工程常用图例　　　　　　　　　　　　　　　　　　　表 1-1

序号	名称	图例	备注
1	墙体		1. 上图为外墙，下图为内墙 2. 外墙细线表示有保温层或有幕墙 3. 应加注文字或涂色或图案填充，表示各种材料的墙体 4. 在各层平面图中防火墙宜着重以特殊图案填充表示

序号	名称	图例	备注
2	隔断		1. 加注文字或涂色或图案填充,表示各种材料的轻质隔断 2. 适用于到顶与不到顶隔断
3	玻璃幕墙		幕墙龙骨是否表示由项目设计决定
4	栏杆		
5	楼梯	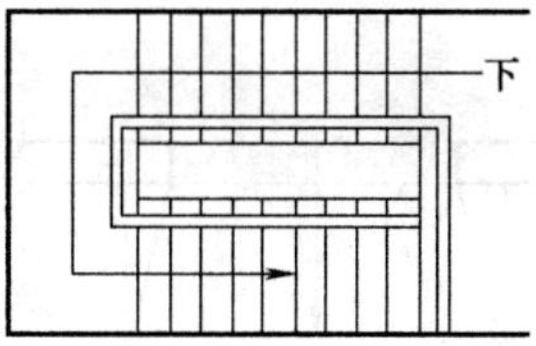 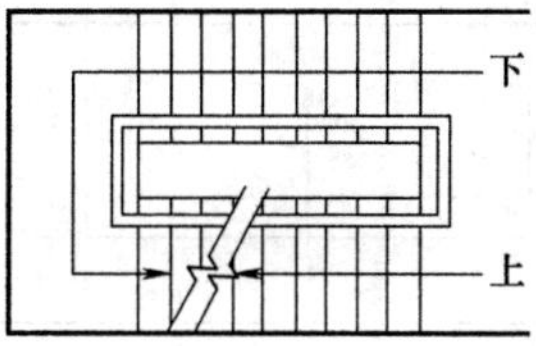 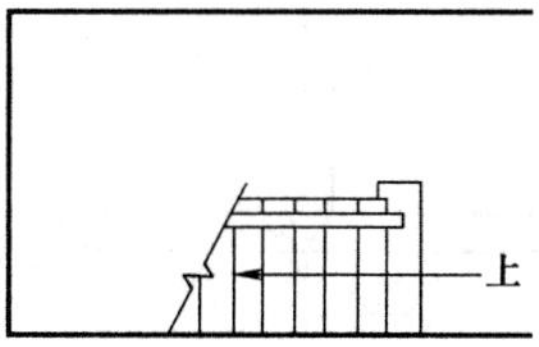	1. 上图为顶层楼梯平面,中图为中间层楼梯平面,下图为底层楼梯平面 2. 需设置靠墙扶手或中间扶手时,应在图中表示
6	坡道	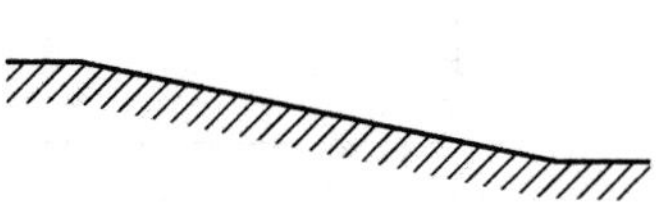 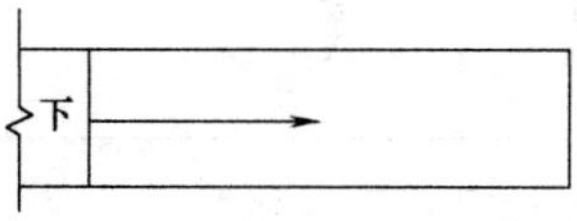	长坡道

序号	名称	图例	备注
6	坡道	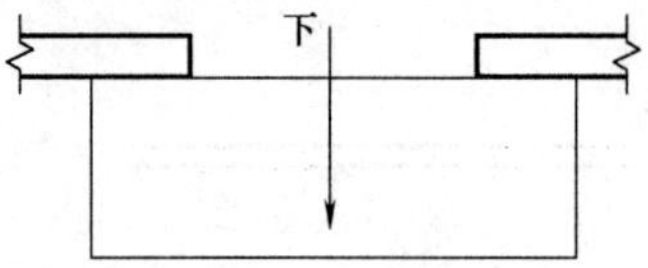 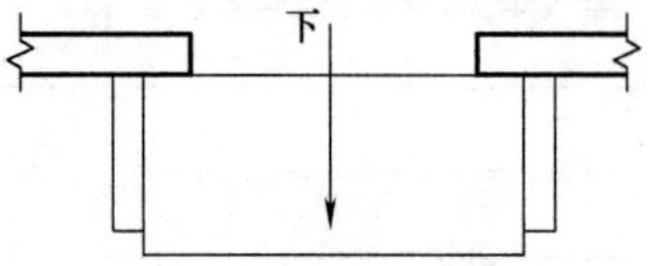 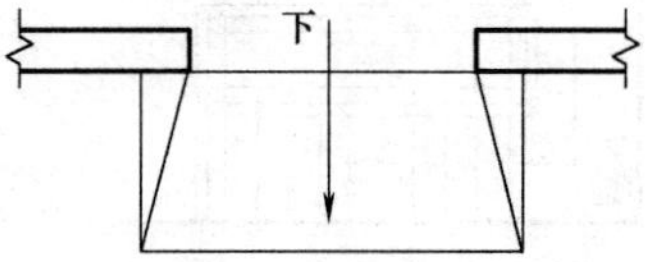	上图为两侧垂直的门口坡道,中图为有挡墙的门口坡道,下图为两侧找坡的门口坡道
7	台阶	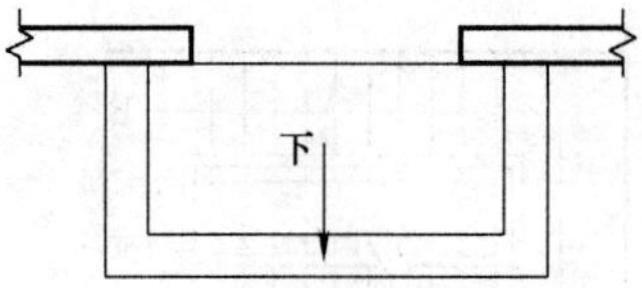	
8	平面高差	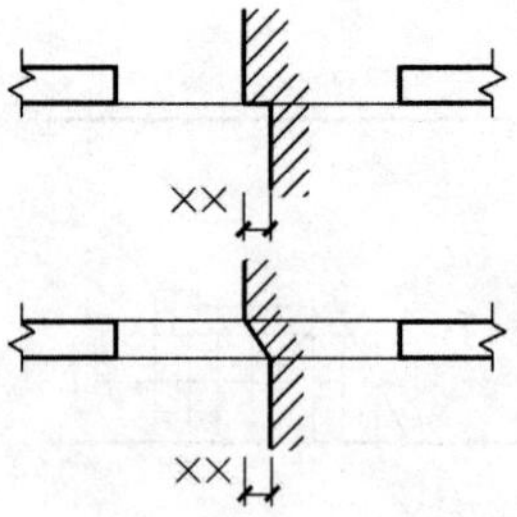	用于高差小的地面或楼面交接处,并应与门的开启方向协调
9	检查口	 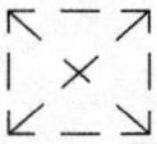	左图为可见检查口,右图为不可见检查口
10	孔洞		阴影部分亦可填充灰度或涂色代替
11	坑槽	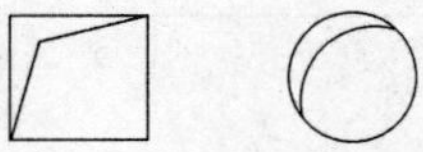	

序号	名称	图例	备注
12	墙预留洞、槽	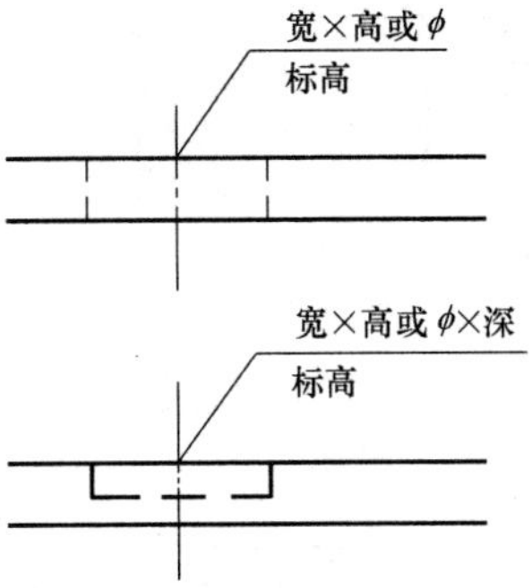 宽×高或 φ 标高 宽×高或 φ×深 标高	1. 上图为预留洞，下图为预留槽 2. 平面以洞（槽）中心定位 3. 标高以洞（槽）底或中心定位 4. 宜以涂色区别墙体和预留洞(槽)
13	地沟	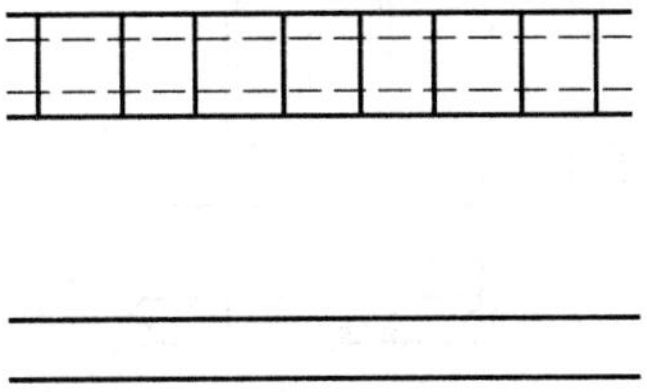	上图为活动盖板地沟，下图为无盖板明沟
14	烟道	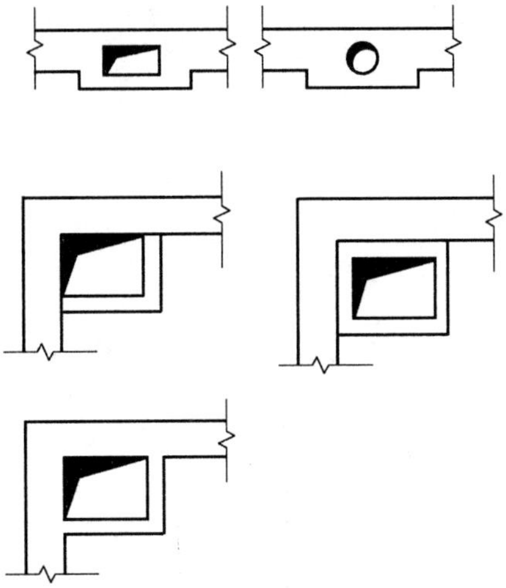	1. 阴影部分亦可涂色代替 2. 烟道、风道与墙体为相同材料，其相接处墙身线应连通 3. 烟道、风道根据需要增加不同材料的内衬
15	风道	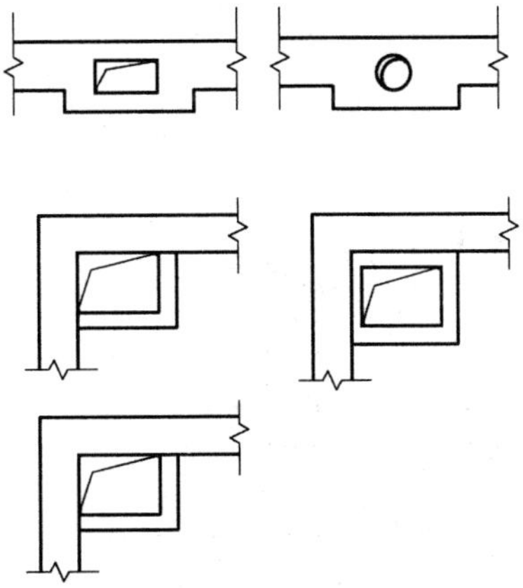	

7

序号	名称	图例	备注
16	新建的墙和窗	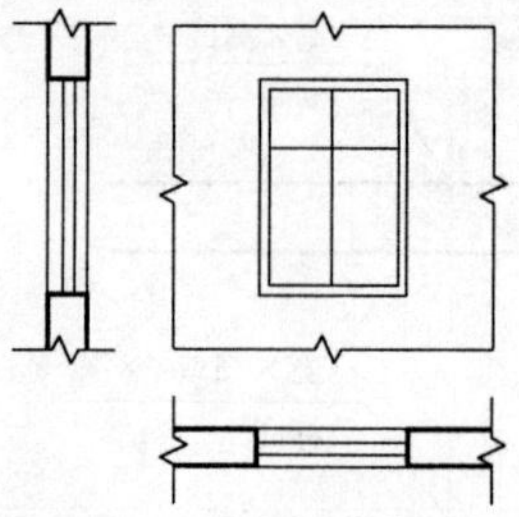	
17	改建时保留的墙和窗	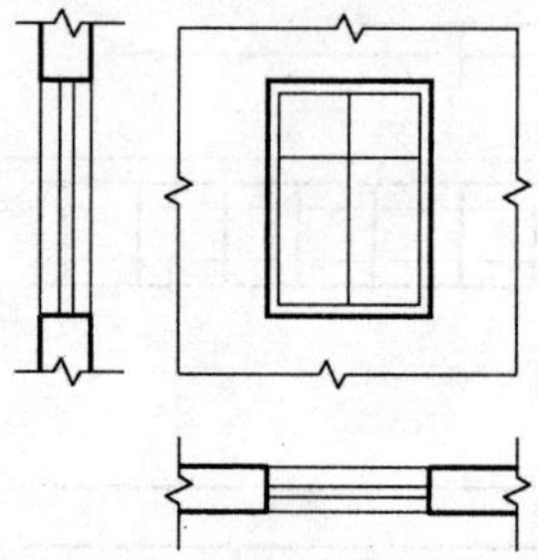	只更换窗,应加粗窗的轮廓线
18	拆除的墙	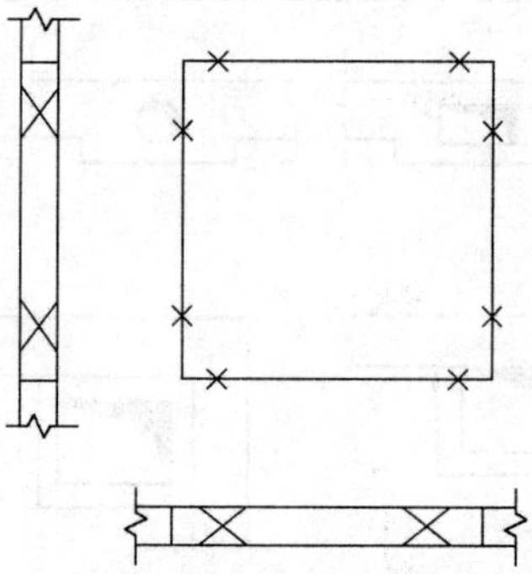	
19	改建时在原有墙或楼板新开的洞	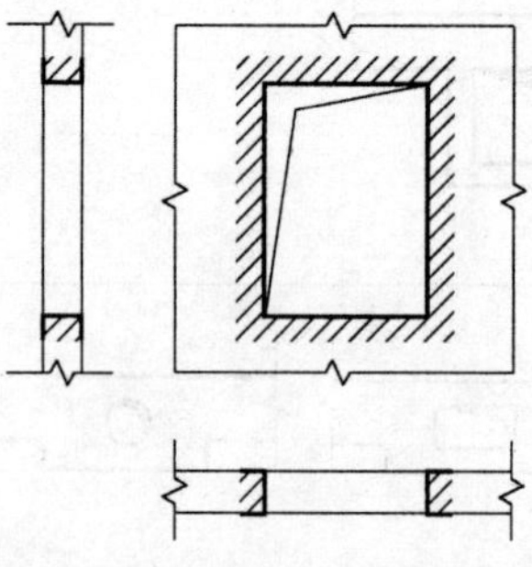	
20	在原有墙或楼板洞旁扩大的洞	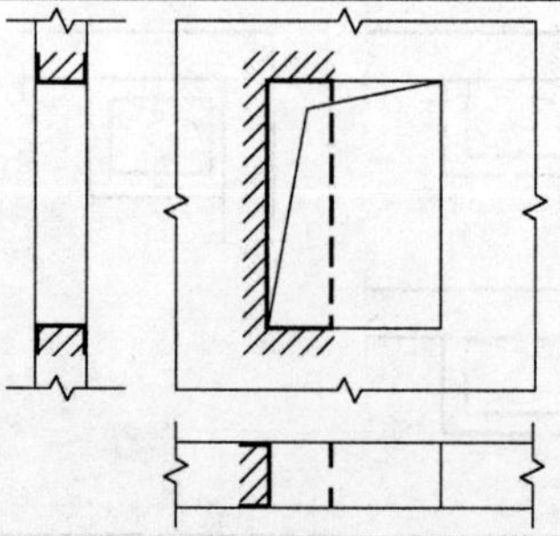	图示为洞口向左边扩大

序号	名称	图例	备注
21	在原有墙或楼板上全部填塞的洞	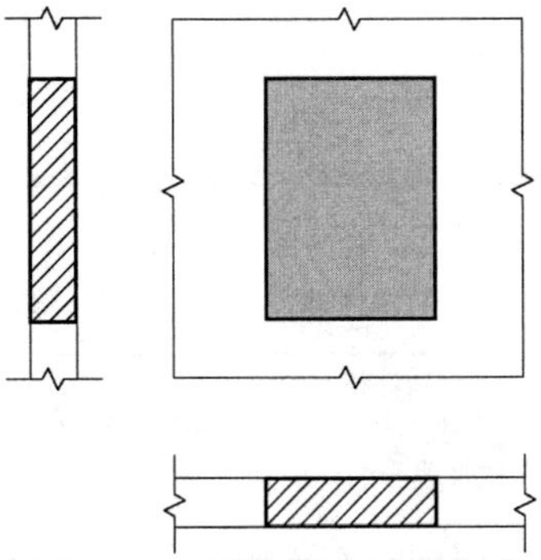	
22	在原有墙或楼板上局部填塞的洞	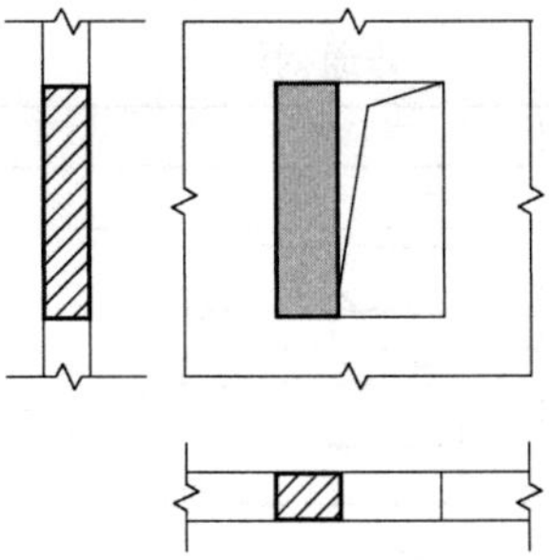	左侧为局部填塞的洞 图中立面图填充灰度或涂色
23	空门洞	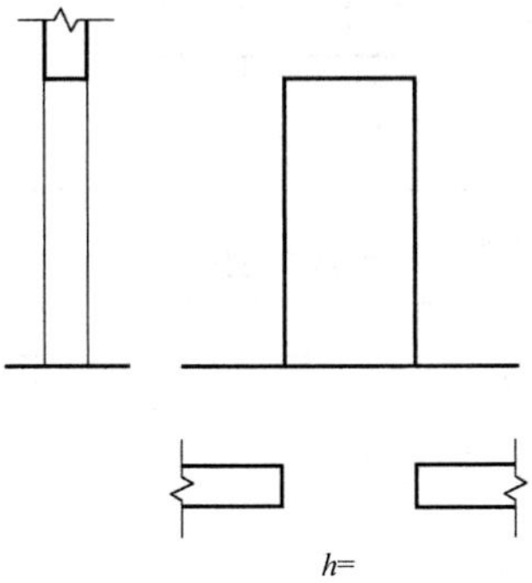 *h*=	*h* 为门洞高度

常用构件代号　　　　　　　　　　　　　　　　　　　　表 1-2

序号	名称	代号	序号	名称	代号	序号	名称	代号
1	板	B	9	挡雨板或檐口板	YB	17	轨道连接	DGL
2	屋面板	WB	10	吊车安全走道板	DB	18	车挡	CD
3	空心板	KB	11	墙板	QB	19	圈梁	QL
4	槽形板	CB	12	天沟板	TGB	20	过梁	GL
5	折板	ZB	13	梁	L	21	连系梁	LL
6	密肋板	MB	14	屋面梁	WL	22	基础梁	JL
7	楼梯板	TB	15	吊车梁	DL	23	楼梯梁	TL
8	盖板或沟盖板	GB	16	单轨吊	DDL	24	框架梁	KL

序号	名称	代号	序号	名称	代号	序号	名称	代号
25	框支梁	KZL	35	框架柱	KZ	45	梯	T
26	屋面框架梁	WKL	36	构造柱	GZ	46	雨篷	YP
27	檩条	LT	37	承台	CT	47	阳台	YT
28	屋架	WJ	38	设备基础	SJ	48	梁垫	LD
29	托架	TJ	39	桩	ZH	49	预埋件	M—
30	天窗架	CJ	40	挡土墙	DQ	50	天窗端壁	TD
31	框架	KJ	41	地沟	DG	51	钢筋网	W
32	刚架	GJ	42	柱间支撑	ZC	52	钢筋骨架	G
33	支架	ZJ	43	垂直支撑	CC	53	基础	J
34	柱	Z	44	水平支撑	SC	54	暗柱	AZ

注：1. 预制混凝土构件，现浇混凝土构件、钢构件和木构件，一般可以采用本附录中的构件代号，在绘图中，除混凝土构件可以不注明材料代号外，其他材料的构件可在构件代号前加注材料代号，并在图纸中加以说明。

　　2. 预应力混凝土构件的代号。应在构件代号的前面加注"Y"，如 Y-DL 表示预应力混凝土吊车梁。

　　有关钢筋的一般表示方法可参照国标 GB 50105—2010 的规定，见表 1-3、表 1-4、表 1-5 和表 1-6 所示。

普通钢筋　　　　　　　　　　　　　　　　　　　　　　　　　表 1-3

序号	名　称	图例	说　明
1	钢筋横断面	●	
2	无弯钩的钢筋端部		下图表示长，短钢筋投影重叠时，短钢筋的端部用 45°斜划线表示
3	带半圆形弯钩的钢筋端部		
4	带直钩的钢筋端部		—
5	带丝扣的钢筋端部		—
6	无弯钩的钢筋搭接		—
7	带半圆弯钩的钢筋搭接		—
8	带直钩的钢筋搭接		—
9	花篮螺丝钢筋接头		—
10	机械连接的钢筋接头		用文字说明机械连接的方式（如冷拼压或直螺纹等）

预应力钢筋　　　　　　　　　　　　　　　　　　　　　　　　表 1-4

序号	名　称	图　例
1	预应力钢筋或钢绞线	
2	后张法预应力钢筋断面、无粘结预应力钢筋断面	⊕
3	预应力钢筋断面	+
4	张拉端锚具	
5	固定端锚具	
6	锚具的端视图	⊕
7	可动连接件	
8	固定连接件	

钢筋网片　　　　　　　　　　　　　　　　　　　　　　　　　表 1-5

序号	名　称	图　例
1	一片钢筋网平面图	W-1
2	一行相同的钢筋网平面图	3W-1

注：用文字注明焊接网或绑扎网片。

<table>
<tr><td colspan="4">钢筋的焊接接头</td><td>表 1-6</td></tr>
</table>

序号	名称	接头形式		标注方法
1	单面焊接的钢筋接头			
2	双面焊接的钢筋接头			
3	用帮条单面焊接的钢筋接头			
4	用帮条双面焊接的钢筋接头			
5	接触对焊的钢筋接头（闪光焊、压力焊）			
6	坡口平焊的钢筋接头			
7	坡口立焊的钢筋接头			
8	圆角钢或扁钢做连接板焊接的钢筋接头			
9	钢筋或螺（锚）栓与钢筋穿孔塞焊的接头			

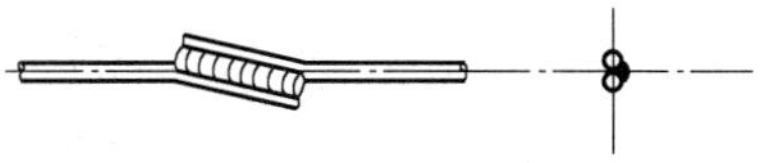

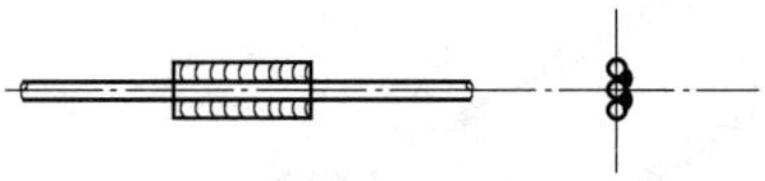

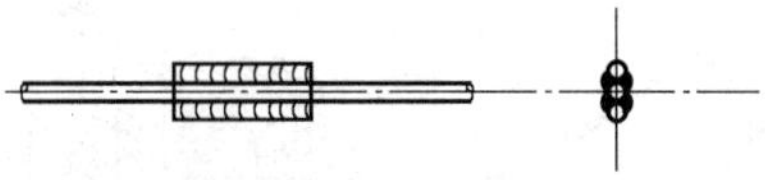

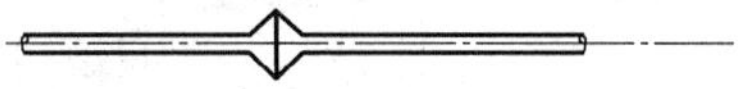

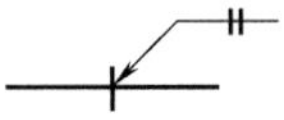

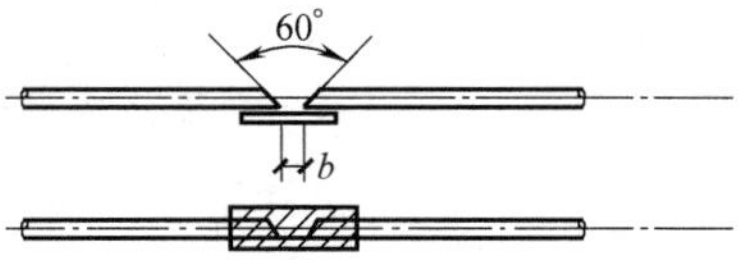

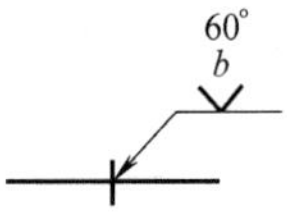

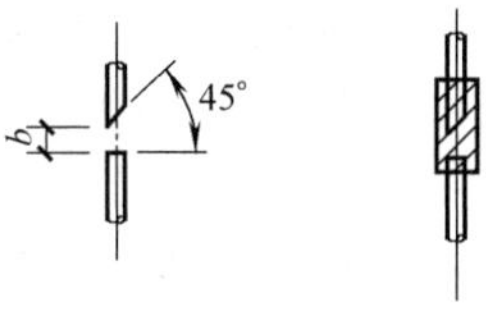

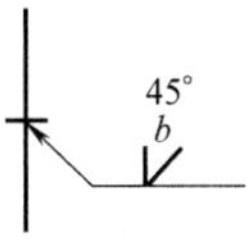

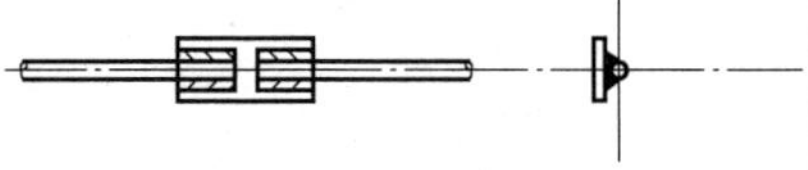

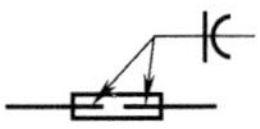

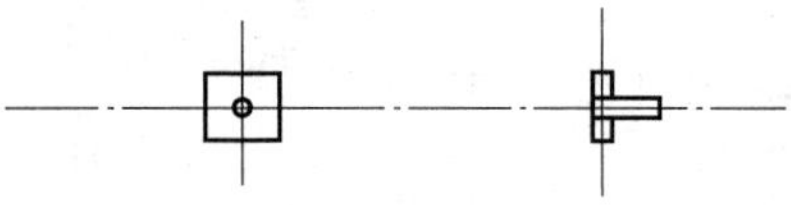

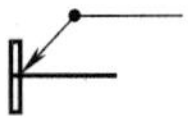

三、工业与民用建筑结构

1. 简单民用房屋结构构造要求

房屋各组成部分分别起着不同的作用，但概括起来主要是两大类，即承重结构和围护结构。房屋构造设计主要侧重于围护结构，即建筑配件设计。图 1-1 所示为民用建筑的剖面轴测图，从图中我们可以看到房屋的主要组成部分。

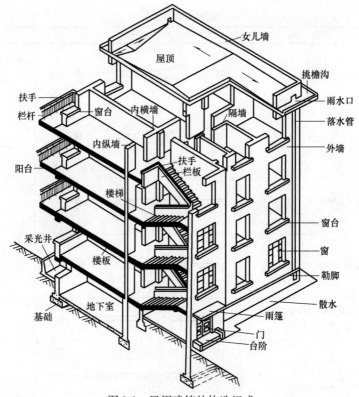

图 1-1　民用建筑的构造组成

2. 简单工业建筑的组成及作用

工业建筑主要是指人们可在其中进行各种生产工艺过程的生产用房屋，一般称厂房。单层工业厂房排架结构是由承重构件和围护构件两部分组成。其承重构件包括：柱、基础、屋架、屋面板、吊车梁、基础梁、连系梁、支撑系统构件等。围护构件包括：屋面、外墙、门窗、地面等，如图 1-2 所示。

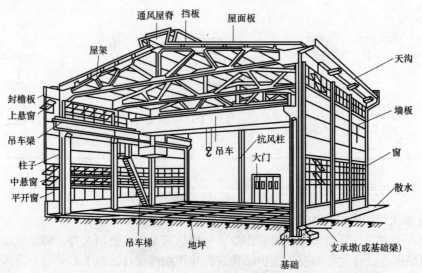

图 1-2　工业建筑的构造组成

第三节　结构内力计算

一、杆件的受力形式及基本变形

由于作用在构件上的外力的形式不同，使构件产生的变形也各不相同，但有以下四种基本变形形式。

1. 轴向拉伸或压缩

在一对方向相反、作用线与构件的轴线基本重合的外力作用下，构件的主要变形是长度的改变（伸长或缩短），这种变形形状称为轴向受拉或轴向受压。工程中常见拉伸与压缩的实例，如图 1-3（a）所示的砖柱是受到压力而产生压缩变形的，而图 1-3（b）所示钢筋砖过梁中的钢筋是受拉力而产生拉伸变形的。

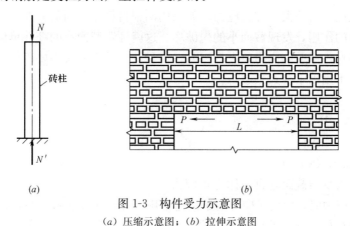

(a)　　　　　　　　　　　　　　　(b)

图 1-3　构件受力示意图

(a) 压缩示意图；(b) 拉伸示意图

2. 剪切

在一对相距很近的大小相等、方向相反的横向外力作用下，构件的主要变形是横截面沿外力作用方向发生错动，这种变形形式称为剪切。挡土墙因受到土的侧压力，在其底部就会产生一个水平的剪力，因此而发生的变形即为剪切。

3. 扭转

在一对方向相反、位于垂直物件的两个平行平面内的外力偶作用下，构件的任意两截面将绕轴线发生相对转动，而轴线仍维持直线，这种变形形式称为扭转。工程中最常见的为雨篷梁，它的两端伸入墙内被卡住，而雨篷部分要向下倒，这样梁就受到扭转作用，如图 1-4 所示。

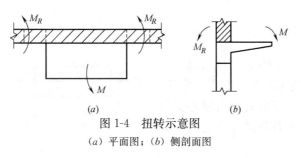

(a)　　　　　　　　　　　　(b)

图 1-4　扭转示意图

(a) 平面图；(b) 侧剖面图

4. 弯曲

在一对方向相反、位于杆的纵向平面内的外力偶作用下，杆将在纵向平面内发生弯曲，这种变形形式为纯弯曲。弯曲是工程中常见的受力变形形式，最简单的受力弯曲形式如图 1-5 所示。

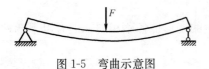

图 1-5　弯曲示意图

二、构件在轴心拉伸（压缩）下的应力和应变

1. 内力

两端受有外力的结构构件，当外力的大小达到某一极限 P_b 时，结构构件就会发生断裂。当外力未达到 P_b 时，结构构件被拉长而不断开，即证明构件材料内部各质点间的相互作用力在不断地改变，这种由外力作用所引起的内力的改变量就是内力。

2. 应力

单位面积上的内力的大小称为应力。如果用两根材料相同而截面大小不同的杆件去承受同样大小外力的作用，发现截面小的先破坏。这就证明截面小的杆件单位面积上所受的内力比截面大的杆件所受的内力要大。因此，衡量杆件受力的大小要以单位面积上的内力的大小为标准，可用以下公式来表示：

$$\sigma = N/A$$

式中　σ——应力（Pa）；

　　　N——内力（N）；

　　　A——截面积（mm^2）。

应力 σ 的作用线与截面垂直，称为正应力，正应力也随内力 N 而有正负之分，拉应力时 σ 为正，压应力时 σ 为负。应力的单位通常用 Pa 或 MPa 表示。在建筑工程中，设计规范要求：凡是构件受外力后计算出来的应力均应小于构件所用材料的允许应力。

3. 应变

以轴心受拉或受压的杆件为例，由试验得知，轴向受压杆的变形主要是纵向缩短，轴向受拉杆的变形主要是纵向伸长，伸长和缩短的值用 Δl 来表示叫做变形。

如图 1-6 所示，在拉伸时 $\Delta l = l_1 - l_0 > 0$ 为正，在压缩时 $\Delta l = l_1 - l_0 < 0$ 为负，但 Δl 反映的是杆的总变形量，而无法说明杆的变形程度。因此，要衡量杆件变形程度的大小，应单位长度内发生的变形来表示，称它为应变（ε）。应变的大小可用下式来表示：

$$\varepsilon = \Delta l / l$$

当杆件受拉时 ε 为正值；受压时 ε 为负值。

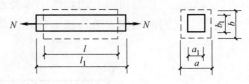

三、柱的受力计算

在建筑工程中的各类柱子（包括砖柱、钢柱和钢筋混凝土柱等）都是起支撑作用，即都是承受压力的。压力又分为轴心受压和偏心受压两种，下面介绍其应力的计算情况及稳定问题。

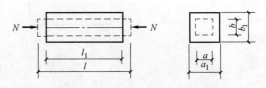

图 1-6　拉伸与压缩变形示意图

1. 轴心受压

当柱子受到的竖向荷载 N 作用点在截面的中心即轴心（见图 1-7），即为轴心受压柱，其截面应力是均匀分布的，应力计算公式为：

$$\sigma = N/A$$

式中　N——柱轴心受到的压力（kN）；

　　　A——柱轴心受压截面积（mm^2）。

2. 偏心受压

偏心受压就是柱子受到的压力不是通过柱子中的轴心。图 1-8 所示是一种最简单的偏心受压情况，它是一个带有牛腿的厂房边柱，当吊车梁传下来的压力 N 作用在牛腿上时，N 对轴心线有一个距离 e（e 称为轴心距），这时，柱子受压时一侧受拉，另一侧受压，造成如图 1-9 所示的应力分布情况。

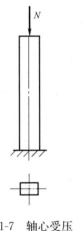

图 1-7　轴心受压

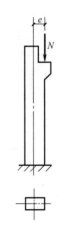

图 1-8　偏心受压

四、梁的受力计算

梁受力后的变形是工程结构中最常见的弯曲变形。在未受到荷载作用之前，水平轴可视为一条直线，受到荷载作用后产生支座反力，形成的力矩作用于梁，使梁发生弯曲变形。工程中对梁的受力变形分析，就是要控制梁的变形在规范要求允许的范围以内，确保使用的安全性。

1. 梁的内力

梁在外力作用下梁的内部将产生内力。为了对梁的强度和刚度进行计算，必须了解梁在外力作用下各截面所受内力。以图 1-10（a）所示的简支梁为例，

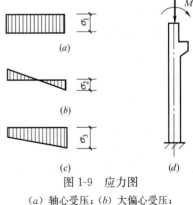

图 1-9　应力图

（a）轴心受压；（b）大偏心受压；

（c）小偏心受压；（d）受力图

由于外力 P 的作用使梁的两端支座产生反力 R_A 和 R_B，现在我们来分析 m—m 截面的内力情况。假想用一个垂直于轴线的平面沿 m—m 截面将梁截成两段，保留左段作为研究对象，如图 1-10（b）所示。为了保持左段梁的平衡，左段除了 A 点的支座反了 R_A 外，在

截面上必有一个垂直于轴线的内力 Q，其大小与 R_A 相等，方向相反。内力 Q 有使梁沿截面 m—m 被剪断的趋势，所以称 Q 为剪力。显然，根据左段梁力偶矩平衡的条件可知，此横截面上必有一个内力偶，该内力偶与 R_A 和 Q 组成的力偶相平衡，此力偶矩 M 就称为弯矩。根据作用力与反作用力原理，右段梁在同一横截面 m—m 上的剪力和弯矩在数值上与左段梁的剪力和弯矩相等，方向相反，如图 1-10（c）所示。通过上面的分析，我们知道，梁的内力就是梁受到的剪力和弯矩。剪力 Q 以横截面为准，左上右下（即截面左边 Q 向上，右边 Q 向下）为正；左下右上为负。弯矩 M 左顺右逆（即横截面左边 M 为顺时针转向，右边 M 逆时针转向）为正，左逆右顺为负。

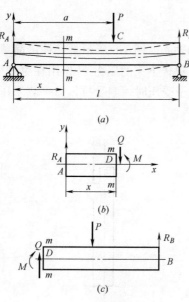

图 1-10　简支梁受力示意图

2. 梁的内力图

为了使梁的内力图比较直观，一般要绘制梁的内力图，即弯矩图和剪力图。梁受力弯曲后，不同的截面产生不同的内力，因此，在设计梁截面时必须找出内力最大截面作为设计依据。为了找出最大内力的截面位置，一般用横坐标表示沿梁轴线的截面位置，纵坐标表示相应截面上内力的大小，画出一条曲线，这样的图形即为内力图。表示剪力的为剪力图，表示弯矩的为弯矩图。

【例 1-1】　绘制图 1-11 所示简支梁的内力图。

该梁在支座 A3m 处受一个 100kN 的集中荷载，此时梁产生了弯矩和剪力，根据计算可得到如图 1-11 所示的剪力图和弯矩图。

由图示可知：

（1）求反力

$$R_A = 100 \times 2/5 = 40\text{kN}$$

$$R_B = 100 \times 3/5 = 60\text{kN}$$

（2）作剪力图（Q 图）

从 A 点到集中荷载作用处这一段内剪力 Q_x 为一个常数，即 $Q_x = R_A = 40\text{kN}$。

再从集中荷载作用处到 B 点这一段内剪力 Q_x 也为一常数，即 $Q_x = -R_B = -60\text{kN}$（负号表示与前段剪力方向相反）

（3）作弯矩图（M 图）

当 $x = 0$，$M = x \cdot R_x = 40 \times 0 = 0$

当 $x = 3$，$M = x \cdot R_x = 40 \times 4 = 120\text{kN} \cdot \text{m}$

当 $x = 5$，$M = x \cdot R_x = 60 \times 5 - 100 \times 3 = 0$

按照上述计算数值，绘制弯矩图如图 1-11 所示。

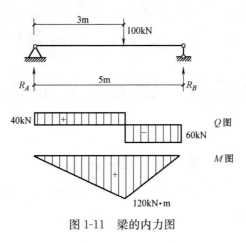

图 1-11　梁的内力图

第二章 钢筋工专业知识

第一节 钢 筋 材 料

一、钢筋品种、规格

建筑用钢筋，要求具有较高的强度，良好的塑性，并便于加工和焊接。钢筋混凝土结构所用的钢筋种类很多，按照不同的标准可以分为不同的类型。通常有以下几种分类方法。

1. 按化学成分分类

钢筋按化学成分分类，一般分为碳素钢钢筋和普通低合金钢钢筋两类。

（1）碳素钢钢筋。按照碳含量可分为低碳钢钢筋（碳含量 $<0.25\%$）、中碳钢钢筋（碳含量 $0.25\%\sim0.6\%$）和高碳钢钢筋（碳含量 $>0.6\%$）。碳含量越高，钢筋的强度越高，硬度也越大，但钢筋的塑性、韧性、冷弯及焊接性能等有所降低。常见的有 Q235、Q215 等品种。

（2）普通低合金钢钢筋。是指在低碳钢钢筋和中碳钢钢筋的成分中加入少量合金元素（如硅、锰、钛、稀土等）而制成的钢筋。普通低合金钢钢筋强度高，综合性能好，可节约用钢量。常见的有 24MnSi、25MnSi、40MnSiV 等品种。

2. 按生产工艺分类

建筑工程所用钢筋种类，按其生产工艺分为：热轧钢筋、冷拉钢筋、冷轧带肋钢筋、冷轧扭钢筋、余热处理钢筋、钢丝及钢绞线等。

（1）热轧钢筋。是用加热钢坯轧成的条形钢筋。由轧钢厂经过热轧成形而成，有直条筋和盘条筋两种，直径一般在 5~30mm。

（2）冷拉钢筋。是指将热轧钢筋在常温下进行冷拉处理，强力拉伸，使其强度提高的钢筋。

（3）冷轧带肋钢筋。是由热轧盘条钢筋经冷轧后，在其表面带有沿长度方向均匀分布的三面或两面横肋的钢筋。冷轧带肋钢筋分为 CRB550、CRB650、CRB800 和 CRB970 四种，其中 C 表示加工工艺为冷轧，R 表示钢筋外形为带肋，B 表示钢筋，数字表示钢筋的抗拉强度最小值。

（4）冷轧扭钢筋。是由普通低碳钢热轧盘条钢筋经冷轧扭制作而成。表面呈螺旋形，具有较高的强度和较好的塑性，与混凝土的粘结性好。

（5）余热处理钢筋，也称为调质钢筋。是将钢筋经过热轧后，立即进行穿水处理，使钢筋表面冷却，然后利用钢筋自身的芯部余热完成回火处理而成的钢筋。

（6）钢丝。常用的钢丝有碳素钢丝、刻痕钢丝、冷拔低碳钢丝三类。碳素钢丝是由优质高碳盘条钢筋经过淬火、酸洗、拔制、回火等工艺制作而成的钢丝，按照生产工艺分为冷拉和矫直回火两类。刻痕钢丝是把热轧大直径高碳钢筋加热，经过淬火之后，冷拔多次后，对钢筋表面进行刻痕处理制成的。冷拔低碳钢丝是将直径 6～8mm 的普通热轧钢筋经过多次冷拔加工而成的钢筋。冷拔低碳钢丝分为甲级和乙级，一般皆卷成圆盘。

（7）钢绞线。是把光圆碳素钢丝在绞线机上进行捻合而成的。一般由 7 根圆钢丝捻合而成，钢丝为高强钢丝。

3. 按钢筋强度分类

对于热轧钢筋，《混凝土结构设计规范》（GB 50010—2010）按其强度分为 HPB300、HRB 335（HRBF335）、HRB400（RRB400、HRBF400）和 HRB500（HRBF500）等。其中数字前面的英文字母分别表示生产工艺、表面形状和钢筋；而数字则表示钢筋的强度标准值。例如 HRBF335，H 表示热轧钢筋，R 表示带肋纹，B 表示钢筋，F 表示细晶粒钢筋，335 表示强度标准值为 $335N/mm^2$；RRB400 表示余热处理带肋钢筋，强度标准值为 $400N/mm^2$，HRBF400 表示强度为 $400N/mm^2$ 的细晶粒热轧带肋钢筋。

热轧带肋钢筋强度高，广泛应用于大、中型钢筋混凝土结构的受力钢筋。混凝土结构的钢筋应按下列规定选用：

（1）纵向受力普通钢筋宜采用 HRB400、HRB500、HRBF400、HRBF500 钢筋，也可采用 HRB335、HRBF335、HPB300、RRB400 钢筋。

（2）梁、柱纵向受力钢筋应采用 HRB400、HRB500、HRBF400、HRBF500 钢筋。

（3）箍筋宜采用 HRB400、HRBF400、HPB300、HRB500、HRBF500 钢筋，也可采用 HRB335、HRBF335 钢筋。

（4）预应力筋宜采用预应力钢丝、钢绞线和预应力螺纹钢筋。

4. 按钢筋在构件中的作用分类

按钢筋在构件中的作用分类，一般可分为受力钢筋和构造钢筋，如图 2-1 所示。

（1）受力钢筋：是指在外部荷载作用下，通过计算得出的构件所需配置的钢筋，包括受拉钢筋、受压钢筋、弯起钢筋等。

（2）构造钢筋：因构件的构造要求和施工安装需要配置的钢筋，如架立筋、分布筋、箍筋等都属于构造钢筋。

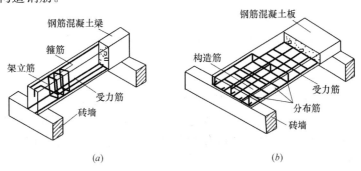

图 2-1　钢筋分类

（a）钢筋混凝土梁；（b）钢筋混凝土板

二、钢筋的进场检验与存放

（一）钢筋的进场检验

按照《混凝土结构工程施工质量验收规范》（GB 50204—2015），钢筋进场时，应检查产品合格证和出厂检验报告，并按相关标准的规定进行抽样检验。

1. 检查产品合格证和出厂检验报告

钢筋出厂，应具有产品合格证、出厂检验报告单等质量证明材料，所列出的品种、规格、型号、化学成分、力学性能等，应符合有关的现行国家标准的规定。

2. 检查进场复试报告

进场复试报告是钢筋进场进行抽样检验的结果，是判断材料能否在工程中应用的依据。

对于每批钢筋的检验数量，应按相关产品标准执行。钢筋进场时，应按现行国家标准《钢筋混凝土用钢 第 1 部分：热轧光圆钢筋》（GB 1499.1—2008）、《钢筋混凝土用钢 第 2 部分：热轧带肋钢筋》（GB 1499.2—2007）中规定每批抽取 5 个试件，先进行重量偏差检验，再取其中两个试件进行力学性能检验。

实际检查时，若有关标准中对进场检验作了具体规定，应遵照执行；若有关标准中只有对产品出厂检验的规定，则在进场检验时，批量应按下列情况确定：

（1）对同一厂家、同一牌号、同一规格的钢筋，当一次进场的数量大于该产品的出厂检验批量时，应划分为若干个出厂检验批量，按出厂检验的抽样方案执行。

（2）对同一厂家、同一牌号、同一规格的钢筋，当一次进场的数量小于或等于该产品的出厂检验批量时，应作为一个检验批量，然后按出厂检验的抽样方案执行。

（3）对不同时间进场的同批钢筋，当确有可靠依据时，可按一次进场的钢筋处理。

3. 外观质量检查

进场钢筋的外观质量检查应符合下列规定：

（1）钢筋应逐批检查其尺寸，不得超过允许偏差。

（2）逐批检查，钢筋表面不得有裂纹、折叠、结疤和夹杂，盘条钢筋允许有压痕和局部凸块、凹块、麻面、划痕，但其深度或高度（从实际尺寸起算）不得大于 0.2mm。带肋钢筋表面凸块，不得超过横肋高度，钢筋表面上其他缺陷的深度和高度不得大于所在部位尺寸的允许偏差值，冷拉钢筋不得有局部颈缩现象。

（3）钢筋表面氧化铁皮（铁锈）重量不大于 16kg/t。

（4）带肋钢筋表面标志应清晰，标志应包括钢筋的强度等级、厂名和直径等。

（二）钢筋的存放

1. 钢筋标牌

进场的每捆（盘）钢筋均应有标牌。按照炉罐号、批次和直径进行分批验收，分类堆放整齐，严禁混放，并应对其检验状态进行标识，防止混用。当钢筋运进施工现场后，必须严格按批分等级、牌号、直径、长度挂牌存放，并注明数量，不得混淆。

2. 钢筋存放

钢筋应尽量堆入仓库或料棚内。条件不具备时，应选择地势较高，土质坚实，较为平坦的露天场地存放。在仓库或场地周围挖排水沟，以利泄水。堆放时，钢筋下面要加垫木，离地不宜少于 200mm，以防钢筋锈蚀和污染。钢筋成品要分工程名称和构件名称，按号码顺序存放。同一项工程与同一构件的钢筋要存放在一起，按号挂牌排列，牌上注明构件名称、部位、钢筋类型、尺寸、钢号、直径、根数，不能将几项工程的钢筋混放在一起。同时不要和产生有害气体的车间靠近，以免污染和腐蚀钢筋。

第二节　钢　筋　性　能

一、钢筋的技术性能

钢筋的技术性质主要包括力学性能和工艺性能两个方面。力学性能主要包括抗拉性能、冲击韧性、耐疲劳和硬度等，工艺性能主要包括冷弯性能和焊接性能，是检验钢筋的重要依据。只有了解、掌握钢筋的各种性能，才能正确、经济、合理地选择和使用钢筋。

（一）力学性能

1. 抗拉性能

拉伸是建筑钢筋的主要受力形式，所以抗拉性能是表示钢筋性能和选用钢筋的重要指标。将低碳钢（软钢）制成一定规格的试件，放在材料试验机上进行拉伸试验，可以绘出如图 2-2 所示的应力-应变关系曲线。钢筋的抗拉性能就可以通过该图来阐明。从图 2-2 中可以看出，低碳钢受力拉至拉断，全过程可划分为四个阶段：即弹性阶段（$O \to A$）、屈服阶段（$A \to B$）、强化阶段（$B \to C$）和颈缩断裂阶段（$C \to D$）。

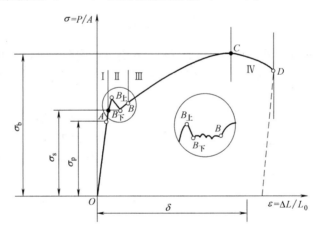

图 2-2　低碳钢受拉的应力-应变图

（1）弹性阶段

曲线中 OA 段是一条直线，应力与应变成正比。如卸去外力，试件能恢复原来的形状，这种性质即为弹性。此阶段的变形为弹性变形。与 A 点对应的应力称为弹性极限，以 σ_p 表示。应力与应变的比值为常数，即弹性模量（E），$E = \sigma / \varepsilon$。弹性模量反映钢筋抵抗弹性变形的能力，是钢筋在受力条件下计算结构变形的重要指标。

（2）屈服阶段

应力超过 A 点后，应力、应变不再成正比关系，开始出现塑性变形。应力的增长滞后于应变的增长，当应力达 $B_\text{上}$ 点后（上屈服点），瞬时下降至 $B_\text{下}$ 点（下屈服点），变形迅速增加，而此时外力则大致在恒定的位置上波动，直到 B 点，这就是所谓的"屈服现象"，似乎钢材不能承受外力而屈服，所以 AB 段称为屈服阶段。与 $B_下$ 点（此点较稳定，易测定）对应的应力称为屈服点（或屈服强度），用 σ_s 表示。

钢筋受力大于屈服点后，会出现较大的塑性变形，已不能满足使用要求，因此屈服强度是设计时钢筋强度取值的依据，是工程结构计算中非常重要的一个参数。

（3）强化阶段

当应力超过屈服强度后，由于钢筋内部组织中的晶格发生了畸变，阻止了晶格进一步滑移，钢筋得到强化，所以钢筋抵抗塑性变形的能力又重新提高，$B \rightarrow C$ 呈上升曲线，称为强化阶段。对应于最高点 C 的应力值（σ_b）称为极限抗拉强度，简称抗拉强度。

显然，σ_b 是钢材受拉时所能承受的最大应力值。屈服强度和抗拉强度之比（即屈强比＝σ_s/σ_b）能反映钢材的利用率和结构安全可靠程度。计算中屈强比取值越小，其结构的安全可靠程度越高，但屈强比过小，又说明钢材强度的利用率偏低，造成钢材浪费。建筑结构钢合理的屈强比一般为 0.60～0.75。

（4）颈缩阶段

试件受力达到最高点 C 点后，其抵抗变形的能力明显降低，变形迅速发展，应力逐渐下降，试件被拉长，在有杂质或缺陷处，断面急剧缩小，直到断裂，故 CD 段称为颈缩阶段。将拉断后的试件拼合起来，测定出标距范围内的长度 L_1（mm），L_1 与试件原标距 L_0（mm）之差为塑性变形值，它与 L_0 之比称为伸长率，如图 2-3 所示。伸长率的计算式如下：

$$\delta = \frac{L_1 - L_0}{L_0} \times 100\%$$

伸长率 δ 是衡量钢筋塑性的一个重要指标，δ 越大，说明钢筋的塑性越好，而强度较低，具有一定的塑性变形能力，可保证应力重新分布，避免应力集中，从而使钢筋用于结构的安全性大。

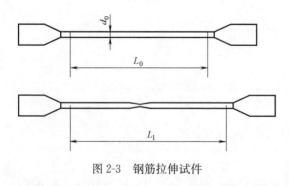

图 2-3 钢筋拉伸试件

塑性变形在试件标距内的分布是不均匀的，颈缩处的变形最大，离颈缩部位越远其变形越小。所以，原标距与直径之比越小，则颈缩处伸长值在整个伸长值中的比重越大，计算出来的 δ 值就大。通常以 δ_5 和 δ_{10}（分别表示 $L_0 = 5d_0$ 和 $L_0 = 10d_0$ 时的伸长率）为基准。对于同一种钢筋，其 δ_5 大于 δ_{10}。

中碳钢与高碳钢（硬钢）的拉伸曲线与低碳钢不同，屈服现象不明显，难以测定屈服点，则规定产生残余变形为原标距长度的 0.2% 时所对应的应力值，作为硬钢的屈服强度，称为条件屈服点，用 σ_u 表示，如图 2-4 所示。

2. 冲击韧性

冲击韧性是指钢筋抵抗冲击荷载而不被破坏的能力。它是以试件冲断时缺口处单位面积上所消耗的功（J/mm²）来表示，其符号为 a_k。试验时将试件放置在固定支座上，然后以摆锤冲击试件刻槽的背面，使试件承受冲击弯曲而断裂，如图2-5所示。显然，值越大，钢材的冲击韧性越好。

影响钢材冲击韧性的因素很多，当钢材内硫、磷的含量高，存在化学偏析，含有非金属夹杂物及焊接形成的微裂纹时，都会使冲击韧性显著降低。同时，环境温度对钢材的冲击功影响也很大。试验表明：冲击韧性随温度的降低而下降，开始时下降缓和，当达到一定温度范围时，突然下降很多而呈脆性，这种性质称为钢材的冷脆性。这时的温度称为脆性临界温度，如图2-6所示，它的数值越低，钢材的低温冲击性能越好。所以，在负温下使用的结构，应当选用脆性临界温度较使用温度低

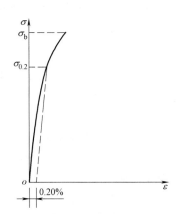

图2-4　中碳钢与高碳钢（硬钢）的拉伸曲线

的钢筋。由于脆性临界温度的测定较复杂，故规范中通常是根据气温条件规定−20℃或−40℃的负温冲击值指标。

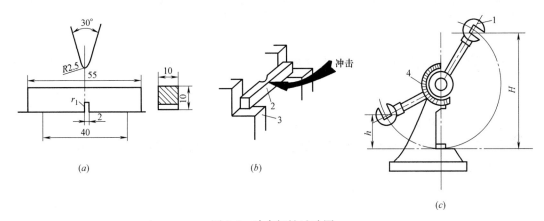

图 2-5　冲击韧性试验图

（a）试件尺寸（mm）；（b）试验装置；（c）试验机

1—摆锤；2—试件；3—试验台；4—刻度盘；H—摆锤扬起高度；h—摆锤向后摆动高度

钢筋随时间的延长而表现出强度提高，塑性和冲击韧性下降的现象，这种现象称为时效。因时效作用，冲击韧性还将随时间的延长而下降。通常，完成时效的过程可达数十年，但钢筋如经冷加工或使用中经受振动和反复荷载的影响，时效可迅速发展。因时效导致钢筋性能改变的程度，称时效敏感性。时效敏感性越大的钢筋，经过时效后冲击韧性的降低就越显著。为了保证安全，对于承受动荷载的重要结构，应当选用时效敏感性小的钢材。

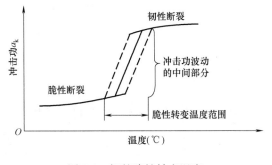

图 2-6　钢的脆性转变温度

总之，对于直接承受动荷载而且可能在负温下工作的重要结构，必须按照有关规范要求进行钢材的冲击韧性检验。

3. 疲劳强度

钢筋在交变荷载反复多次作用下，可在最大应力远低于抗拉强度的情况下突然破坏，这种破坏称为疲劳破坏。钢筋的疲劳破坏指标用疲劳强度（或称疲劳极限）来表示。它是指试件在交变应力的作用下，不发生疲劳破坏的最大应力值。在设计承受反复荷载且须进行疲劳验算的结构时，应当了解所用钢筋的疲劳强度。

测定疲劳强度时，应根据结构使用条件确定采用的应力循环类型（如拉—拉型、拉—压型等）、应力比值（最小与最大应力之比，又称应力特征值 ρ）和周期基数。例如，测定钢筋的疲劳极限时，通常采用的是承受大小改变的拉应力循环；应力比值，通常非预应力筋为 0.1～0.8，预应力筋为 0.7～0.85；周期基数为 200 万次或 400 万次以上。

研究证明，钢筋的疲劳破坏是拉应力引起的，首先在局部开始形成微细裂纹，其后由于裂纹尖端处产生应力集中而使裂纹迅速扩展，直至钢材断裂。因此，钢材的内部成分的偏析、夹杂物的多少，以及最大应力处的表面光洁程度、加工损伤等，都是影响钢材疲劳强度的因素。疲劳破坏经常是突然发生的，因而具有很大的危险性，往往造成严重事故。

4. 硬度

硬度是指金属材料抵抗硬物压入表面局部体积的能力，亦即材料表面抵抗塑性变形的能力。

测定钢材硬度采用压入法。即以一定的静荷载（压力），通过压头压在金属表面，然后测定压痕的面积或深度来确定硬度，如图 2-7 所示。按压头或压力不同，有布氏法、洛氏法等，相应的硬度试验指标叫布氏硬度（HB）和洛氏硬度（HR）。较常用的方法是布氏法，其硬度指标是布氏硬度值。

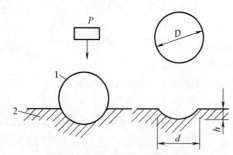

图 2-7　布氏硬度试验原理图
1—钢球；2—试件；P—钢球上荷载；
D—钢球直径；d—压痕直径；h—压痕深度

布氏法的测定原理是：用直径为 D（mm）的淬火钢球以 P（N）的荷载将其压入试件表面，经规定的持续时间后卸荷，即得直径为 d（mm）的压痕，以压痕表面积 F（mm）除荷载 P，所得的应力值即为试件的布氏硬度值 HB，以数字表示，不带单位。

各类钢材的 HB 值与抗拉强度之间有较好的相关关系。材料的强度越高，塑性变形抵抗力越强，硬度值也就越大。对于碳素钢，当 HB<175 时，$\sigma_B \cong 3.6\ HB$；HB>175 时，$\sigma_B \cong 3.5\ HB$。根据这一关系，可在钢结构上测出钢筋的 HB 值，并估算该钢筋的 σ_B。

（二）工艺性能

良好的工艺性能，可以保证钢筋顺利通过各种加工，而使钢筋的质量不受影响。冷弯、冷拉、冷拔及焊接性能均是钢筋的重要工艺性能。

1. 冷弯性能

冷弯性能是指钢筋在常温下承受弯曲变形的能力。其指标是以试件弯曲的角度（α）

和弯心直径（d）对试件厚度（或直径）的比值（d/a）来表示，如图 2-8 和图 2-9 所示。试验时采用的弯曲角度越大，弯心直径对试件厚度（或直径）的比值越小，表示对冷弯性能的要求越高。冷弯检验是按规定的弯曲角和弯心直径进行试验，试件的弯曲处不发生裂缝、裂断或起层，即认为冷弯性能合格。

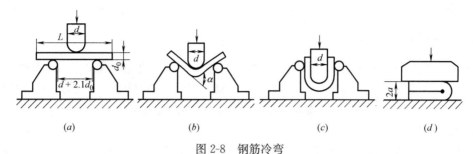

图 2-8　钢筋冷弯

（a）试件安装；（b）弯曲 90°；（c）弯曲 180°；（d）弯曲至两面重合

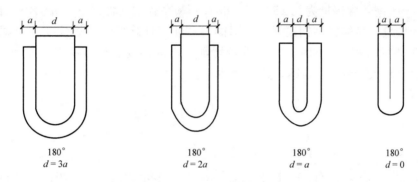

图 2-9　钢筋冷弯规定弯心

通过冷弯试验钢筋局部发生非均匀变形，更有助于暴露钢筋的某些内在缺陷。相对于伸长率而言，冷弯是对钢筋塑性更严格的检验，它能揭示钢筋内部是否存在组织不均匀、内应力和夹杂物等缺陷。冷弯试验对焊接质量也是一种严格的检验，能揭示焊件在受弯表面存在未熔合、微裂纹及夹杂物等缺陷。

2. 焊接性能

焊接是各种型钢、钢板、钢筋的重要连接方式。建筑工程的钢结构有 90％以上是焊接结构。焊接的质量取决于焊接工艺、焊接材料及钢的焊接性能。

钢材的可焊性，是指钢材是否适应用通常的方法与工艺进行焊接的性能。可焊性好的钢材，指易于用一般焊接方法和工艺施焊，焊口处不易形成裂纹、气孔、夹渣等缺陷；焊接后钢材的力学性能，特别是强度不低于原有钢材，硬脆倾向小。

钢材可焊性能的好坏，主要取决于钢的化学成分。钢的含碳量高将增加焊接接头的硬脆性，含碳量小于 0.25％的碳素钢具有良好的可焊性。加入合金元素（如硅、锰、钒、钛等），也将增大焊接处的硬脆性，降低可焊性，特别是硫能使焊接产生热裂纹及硬脆性。

选择焊接结构用钢，应注意选含碳量较低的氧气转炉或平炉镇静钢。对于高碳钢及合金钢，为了改善可焊性，焊接时一般需要采用焊前预热及焊后热处理等措施。

焊接过程的特点是：在很短的时间内达到很高的温度，金属熔化的体积很小，由于金属传热快，故冷却的速度很快。因此，在焊件中常产生复杂的、不均匀的反应和变化，存在剧烈的膨胀和收缩。所以，易产生变形、内应力，甚至导致裂缝。

钢筋焊接应注意的问题是：冷拉钢筋的焊接应在冷拉之前进行；钢筋焊接之前，焊接部位应清除铁锈、熔渣、油污等；应尽量避免不同国家的进口钢筋之间或进口钢筋与国产钢筋之间的焊接。

二、钢筋的化学成分

钢筋的主要化学成分是铁，但铁的强度低，需要加入其他化学成分来改善其性能。加入的主要化学成分有少量的碳（C）、硅（Si）、锰（Mn）、磷（P）、硫（S）、氧（O）、氮（N）、钛（Ti）等元素，这些元素含量很少，但对钢筋性能影响很大。

1. 碳（C）

碳是决定钢筋性能的最重要元素，它对钢材力学性能的影响很大，如图 2-10 所示。在铁中加入适量的碳可以提高强度。依含碳量的大小，可分为低碳钢（含碳量≤0.25%）、中碳钢（含碳量为 0.25%～0.60%）和高碳钢（含碳量＞0.6%）。在一定范围内提高含碳量，虽能提高钢筋强度，但同时却使塑性降低，可焊性变差。试验表明：当钢中含碳量在 0.8% 以下时，随含碳量增加，钢的强度和硬度提高，塑性和韧性下降；对于含碳量大于 0.3% 的钢，其焊接性能会显著下降。在建筑工程中主要使用低碳钢和中碳钢。

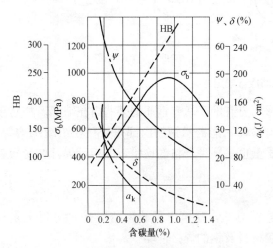

图 2-10　含碳量对热轧碳素钢性能的影响

2. 硅（Si）

硅在钢中是有益元素，炼钢时起脱氧作用。硅是我国钢筋钢的主加合金元素，它的作用主要是提高钢的机械强度。通常碳素钢中硅含量小于 0.3%，低合金钢硅含量小于 1.8%。

3. 锰（Mn）

在钢中加入少量的锰元素可提高钢的强度，并能保持一定的塑性。锰在钢中也是有益元素，炼钢时可起到脱氧去硫作用，可消减硫所引起的热脆性，改善钢材的热加工性能，同时能提高钢材的强度和硬度。当含锰小于 1.0% 时，对钢的塑性和韧性影响不大。锰是我国低合金结构钢的主加合金元素，其含量一般在 1%～2% 范围内。它的作用主要是改善钢内部结构，提高强度。当含锰量达 11%～14% 时，称为高锰钢，具有较高的耐磨性。

4. 磷（P）

磷是钢中很有害的元素之一。磷含量增加，钢材的塑性和韧性显著下降。特别是低温下冲击韧性下降更为明显，常把这种现象称为冷脆性。磷也使钢的冷弯性能和可焊性显著降低。但磷可提高钢的强度、硬度、耐磨性和耐蚀性，故在低合金钢中可配合其他元素如铜（Cu）作合金元素使用。建筑用钢一般要求含磷量小于 0.045%。

5. 硫（S）

硫也是钢中很有害的元素，能够降低钢材的各种机械性能。硫在钢的热加工时易引起钢的脆裂，常称为热脆性。硫的存在还使钢的可焊性、冲击韧性、疲劳强度和耐腐蚀性等均降低，即使微量的硫元素存在也对钢有害，因此硫的含量要严格控制。建筑钢材要求硫含量应小于 0.045%。

6. 氧（O）、氮（N）

氧、氮也是钢中有害元素，它们显著降低钢的塑性和韧性，以及冷弯性能和可焊性能。

7. 铝（Al）、钛（Ti）、钒（V）

这三种元素均是强脱氧剂，也是合金钢常用的合金元素。适量加入钢内，可改善钢的组织、细化晶粒，能显著提高强度和改善韧性，但稍降低塑性。

钢筋出现下列情况之一时，必须作化学成分检验：

（1）无出厂证明书或钢种钢号不明确时。

（2）有焊接要求的进口钢筋。

（3）在加工过程中，发生脆断、焊接性能不良和机械性能显著不正常的。

钢筋的化学成分检验通常是进行含碳量及碳当量，含硫量和含磷量的检验。化学成分检验结果，国产钢筋应符合相应钢筋标准的规定。进口钢筋含碳量不大于 0.3%，碳当量不大于 0.55%，含硫量和含磷量均不大于 0.05%。

第三节　钢筋连接

常见的钢筋连接方式有搭接、焊接、机械连接等。搭接接头是国内外从采用钢筋混凝土结构以来，传统而可靠的钢筋连接方法，但是当钢筋直径较大时搭接长度较长，用材不经济。采用焊接代替绑扎，可节约钢材，改善结构受力性能，提高工效，降低成本。钢筋常用焊接方法有：对焊、电弧焊、电渣压力焊和电阻点焊。此外，还有预埋件钢筋和钢板的埋弧压力焊及钢筋气压焊。我国目前采用机械接头已经是成熟的做法。我国粗钢筋机械连接技术是 20 世纪 80 年代中后期才发展起来的，随着套筒冷挤压开发应用，近年来，钢筋机械连接发展较快，相继开发出锥螺纹、镦粗直螺纹、剥肋滚轧直螺纹、挤压肋滚轧直螺纹、辗压肋滚轧直螺纹连接技术，取得可喜的成果，对推动我国建筑业的发展和技术提高起到很大推动作用。有关焊接和机械连接的详细内容可参见本教材第六章内容。

第四节　钢筋代换

一、钢筋代换原则

在施工中，如遇到钢筋品种或规格与设计要求不符时，征得设计单位同意后，可按下列原则进行钢筋代换。

1. 等强度代换

等强度代换是指不同级别的钢筋的代换。即构件配筋受强度控制时，按代换前后强度相等的原则进行代换，称"等强度代换"。代换时应满足下式要求：

$$A_{s2} \cdot f_{y2} \geqslant A_{s1} \cdot f_{y1}$$

即

$$n_2 \cdot \frac{\pi d_2{}^2}{4} \cdot f_{y2} \geqslant n_1 \cdot \frac{\pi d_1{}^2}{4} \cdot f_{y1}$$

$$n_2 \geqslant \frac{n_1 d_1{}^2 \cdot f_{y1}}{d_2{}^2 \cdot f_{y2}}$$

式中　n_2——代换钢筋根数；

n_1——原设计钢筋根数；

d_2——代换钢筋直径；

d_1——原设计钢筋直径；

f_{y2}——代换后钢筋设计强度值；

f_{y1}——原设计钢筋设计强度值；

A_{s2}——代换后钢筋总截面积；

A_{s1}——原设计钢筋总截面积。

2. 等面积代换

等面积代换是指相同级别的钢筋代换。即构件按最小配筋率配筋时，或同钢号钢筋之间的代换，按代换前后面积相等的原则进行代换，称等面积代换。代换时应满足下式要求：

$$A_{s2} \geqslant A_{s1}$$

即

$$n_2 \geqslant n_1 \cdot \frac{d_1{}^2}{d_2{}^2}$$

式中符号意义同上。

钢筋代换后，有时由于受力钢筋直径加大或根数增多而需要增加排数，则构件截面的有效高度 h_0 减少，截面强度降低。所以常需对截面强度进行复核。

3. 钢筋代换注意事项

钢筋代换时，必须充分了解设计意图和代换材料的性能，严格遵守现行国家标准《混凝土结构设计规范》（GB 50010）的各项规定，应征得设计单位的同意，并应符合下列规定：

(1) 不同种类钢筋代换，应按钢筋受拉承载力设计值相等的原则进行。

(2) 当构件受抗裂、裂缝宽度或挠度控制时，钢筋代换后应进行抗裂、裂缝宽度或挠度验算。

(3) 钢筋代换后，应满足混凝土结构设计中所规定的钢筋间距、锚固长度、最小钢筋直径、最少根数等构造要求。

(4) 对重要受力构件，不宜用 HPB235 级代换 HRB335 级钢筋。

(5) 梁的纵向受力钢筋与弯起钢筋应分别进行代换。

(6) 偏心受压构件或偏心受拉构件作钢筋代换时，不取整个截面配筋量计算，应按受力面（受压或受拉）分别代换。

(7) 对有抗震要求的框架，不宜以强度等级高的钢筋代替设计中的钢筋。当必须代换时，其代换的钢筋检验所得的实际强度，尚应符合下列要求：①钢筋的抗拉强度实测值与屈服强度实测值的比值不应小于 1.25；②钢筋的屈服强度实测值与钢筋强度标准值的比值，当按一、二级抗震要求设计时，不应大于 1.3。

（8）预制构件的吊环，必须采用未经冷拉的 HPB235 级热轧钢筋制作，严禁以其他钢筋代换。

（9）在负温条件下直接承受中、重级工作制的吊车梁的受拉钢筋，宜采用细直径的 HRB500 级钢筋。

二、钢筋代换计算

【例 2-1】 梁截面尺寸如图 2-11 所示，混凝土强度等级为 C25，原设计纵向受力筋为 $5\phi18$，钢筋级别为 HRB335 级，面积 $A_{s1}=1272\text{mm}^2$，现拟用 HPB235 级钢筋代换。求所需钢筋的直径及根数。

【解】：$A_{s2} \geq A_{s1}\dfrac{f_{y1}}{f_{y2}} = 1272 \times \dfrac{300}{210} = 1817\text{mm}^2$

选用 $6\phi20$，

$\quad A_s = 1884 > 1817(\text{mm}^2)$

复核钢筋净距，

$$S = \frac{250 - 2 \times 25 - 6 \times 20}{5} = 16 < 25\text{mm}$$

因此，钢筋要排成两排，梁的截面有效高度 h_0 减少，需验算构件截面强度是否满足设计要求，根据弯矩相等的原则按下式计算：

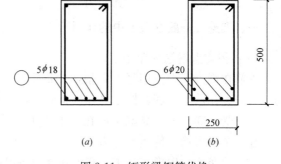

图 2-11　矩形梁钢筋代换
(a) 代换以前；(b) 代换以后

$$A_{s2}f_{y2}\left(h_{02} - \frac{x_2}{2}\right) \geq A_{s1}f_{y1}\left(h_{01} - \frac{x_1}{2}\right)$$

由 $\qquad\qquad\qquad bx\alpha_1 f_c = A_s f_y$

得 $\qquad\qquad\qquad x = \dfrac{A_s f_y}{\alpha_1 f_c \cdot b}$

代入上式得 $\quad A_{s2}f_{y2}\left(h_{02} - \dfrac{A_{s2}f_{y2}}{2\alpha_1 f_c b}\right) \geq A_{s1}f_{y1}\left(h_{01} - \dfrac{A_{s1}f_{y1}}{2\alpha_1 f_c \cdot b}\right)$

式中　A_{s1}——原设计钢筋总截面积；

$\quad f_{y1}$——原设计钢筋设计强度；

$\quad A_{s2}$——代换后钢筋总截面积；

$\quad f_{y2}$——代换后钢筋设计强度；

$\quad h_{01}$——原设计构件截面有效高度（钢筋合力点至截面受压边缘的距离）；

$\quad h_{02}$——代换后构件截面有效高度。

$\quad \alpha_1$——系数，当混凝土强度等级不超过 C50 时，α_1 取 1.0，当混凝土强度等级为 C80 时，α_1 取 0.94，其间按线性内插法取用；

$\quad f_c$——混凝土轴心抗压强度设计值；

$\quad b$——构件截面宽度。

$$h_{01} = h - a_1 = 500 - (25 + 9) = 466\text{mm}$$

$$a_2=\frac{4\times35+2\times80}{6}=50\text{mm}$$

$$h_{02}=500-50=450\text{mm}$$

式中 a_1、a_2 分别表示代换前、代换后受拉钢筋合力点到截面受拉边缘的距离。

代换前　$A_{s1}f_{y1}\left(h_{01}-\dfrac{A_{s1}f_{y1}}{2\alpha_1f_c\cdot b}\right)=1272\times300\times\left(466-\dfrac{1272\times300}{2\times1.0\times11.9\times250}\right)$

$$=153351892\text{N}\cdot\text{mm}=153352\text{N}\cdot\text{m}$$

代换后　$A_{s2}f_{y2}\left(h_{02}-\dfrac{A_{s2}f_{y2}}{2\alpha_1f_c\cdot b}\right)=1884\times210\times\left(450-\dfrac{1884\times210}{2\times1.0\times11.9\times250}\right)$

$$=151730267\text{N}\cdot\text{mm}=151730\text{N}\cdot\text{m}$$

代换后 151730＜153352（N·m），相差 1622N·m，即比原设计构件截面强度低 0.01%。

第五节　钢筋技术

一、钢筋在一般混凝土中的作用

1. 各种类型钢筋的作用

钢筋在混凝土中作用很大，根据钢筋类型、位置的不同，用途也很多，钢筋有受力筋、箍筋、扣筋、负筋、架立筋和分布筋等，其作用意义如下。

（1）受力筋。受力筋就是放在上下排主要受力用的，而分布筋则是放在受力钢筋之上，起一个将力均匀传递给受力筋。

（2）分布筋。出现在板中，布置在受力钢筋的内侧，与受力钢筋垂直。其作用是固定受力钢筋的位置并将板上的荷载分散到受力钢筋上，同时也能防止因混凝土的收缩和温度变化等原因，在垂直于受力钢筋方向产生的裂缝。

（3）箍筋。箍筋在钢筋混凝土构件中的主要作用是：从构造上讲将构件中受拉钢筋与受压钢筋以及腰筋可靠地联系起来，使它们形成完整的骨架，以便于安装，并有利益共同工作。箍筋使受力筋能保持规定的间距，并使它们准确处地于构件的位置。从受力上讲，构件中箍筋主要承受剪力和扭矩。

（4）扣筋。扣筋是板的负筋，两头弯曲扣在模板上的，俗称扣筋。

（5）负筋。支座有负筋，是相对而言的，一般应该是指梁的支座部位用以抵消负弯矩的钢筋，俗称担担筋。一般结构构件受力弯矩分正弯矩和负弯矩，抵抗负弯矩所配备的钢筋称为负筋，一般指板、梁的上部钢筋，有些上部配置的构造钢筋习惯上也称为负筋。当梁、板的上部钢筋通长时，大家也习惯地称之为上部钢筋。

（6）架立钢筋。架立钢筋设置在梁的受压区外边缘两侧，用来固定箍筋和形成钢筋骨架。如受压区配有纵向受压钢筋时，则可不再配置架立钢筋。架立钢筋的直径与梁的跨度有关。

2. 梁内钢筋的类别及作用

梁是建筑物的主要受弯构件。建筑工程中常用的梁有雨篷梁、过梁、圈梁、楼梯梁、基础梁、吊车梁和连系梁等。由于外力作用方式和支撑方式的不同，各种梁的弯曲变形的情况也不同，所以不同类型梁内配置钢筋的种类、形状及数量等也不相同。但是，各种梁内配置钢筋的类别及作用却基本相同。梁内钢筋的配置通常有下列几种（图 2-12）。

（1）纵向受力钢筋。它的主要作用是承受外力作用下梁内产生的拉力。因此，纵向受力钢筋应配置在梁的受拉区。

（2）弯起钢筋。通常是由纵向钢筋弯起形成的。其主要作用是除在梁跨中承受正弯矩产生的拉力外，在梁靠近支座的弯起段还用来承受弯矩和剪力共同产生的主拉应力。

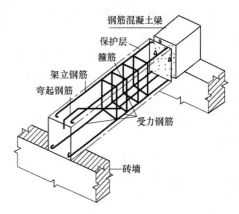

图 2-12　钢筋混凝土梁的配筋

（3）架立钢筋。它的主要作用是固定箍筋，保证其正确位置，并形成一定刚度的钢筋骨架。同时，架立钢筋还能承受因温度变化和混凝土收缩而产生的应力，防止裂缝产生。架立钢筋一般平行纵向受力钢筋，放置在梁的受压区箍筋内的两侧。

（4）箍筋。它的主要作用是承受剪力。此外，箍筋与其他钢筋通过绑扎或焊接形成一个整体性好的空间骨架。箍筋一般垂直于纵向受力钢筋。

3. 板内钢筋的类别及作用

板也是受弯构件，常见的混凝土板有楼板、屋面板、阳台板、雨篷板、楼梯踏步板、天沟板等。虽然不同类型的板由于受力形式的不同，板内钢筋的种类、形状和数量等也不相同，但钢筋混凝土板内配置的钢筋类别及作用却基本相同。

板内钢筋的配置通常有下列几种（图 2-13）。

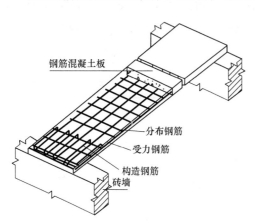

图 2-13　钢筋混凝土平板的配筋

（1）受力钢筋。它主要承受弯矩产生的拉力，一般布置在沿板跨度方向的受拉区。

（2）分布钢筋。它的主要作用是将板上的外力更有效地传递到受力钢筋上去，防止由于温度变化和混凝土收缩等原因沿板跨方向产生裂缝，并固定受力钢筋使其位置正确，且垂直于受力钢筋。

（3）构造钢筋。也称分布钢筋，它主要起构造作用，是因施工和安装需要而配置的钢筋。

4. 柱内钢筋的类别及作用

对钢筋混凝土柱根据所受外力的作用方式不同，可分为轴心受压柱和偏心受压柱，柱内配筋如图 2-14 所示。

（1）受力钢筋。轴心受压柱内受力钢筋的作用是与混凝土共同承担中心荷载在截面内产生的压应力；而偏心受压柱内的受力钢筋除了承担压应力外，还要承担由偏心荷载引起的拉应力。

（2）箍筋。它的作用是保证柱内受力钢筋的位置正确，间距符合设计要求，防止受力钢筋被压弯曲，从而提高柱子的承载力。

5. 墙内的钢筋类别及作用

钢筋混凝土墙是高层建筑内主要的受力构件。钢筋混凝土墙体内，根据计算要求可以配置单层或双层钢筋网片。钢筋网片主要由竖向钢筋和横向钢筋组成。在采用两层钢筋网片时，为了保证钢筋的位置正确，间距固定，在两层钢筋网片之间通常还设置撑筋，墙内配筋如图 2-15所示。

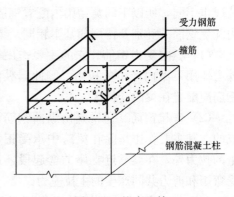

图 2-14　柱内配筋

（1）竖向受力钢筋。其主要作用是承受水平荷载对墙体产生的拉应力。

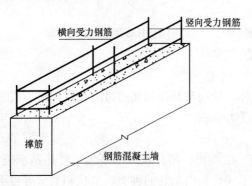

图 2-15　墙内配筋

（2）横向受力钢筋。其主要作用是固定竖向受力钢筋的位置，并可以承担一定的剪力。

二、钢筋保护层的设置要求

钢筋混凝土设置钢筋保护层是为了保护钢筋防止锈蚀。混凝土保护层越厚越能起到很好的保护钢筋作用，但也有不利因素，保护层越厚，越能减小钢筋的受力作用，而且结构表层因为钢筋离开太远，作用小，不能阻止表面开裂。一旦混凝土表面开裂，空气中的水分会随着裂缝来腐蚀钢筋，反倒对钢筋保护不利，所以设置保护层有个适度的数值。按照现行国家标准《混凝土结构设计规范》（GB 50010）规定，混凝土保护层厚度应符合表 2-1 的规定。

混凝土保护层厚度应符合 表 2-1

环境类别	板、墙、壳（mm）	梁、柱、杆（mm）
一	15	20
二 a	20	25
二 b	25	35
三 a	30	40
三 b	40	50

注：1. 混凝土强度等级不大于 C25 时，表中保护层厚度值应增加 5mm。
　　2. 钢筋混凝土基础宜设置混凝土保护层，基础中钢筋的混凝土保护层厚度应从垫层顶面算起，且不应小于 40mm。

三、钢筋加工

1. 钢筋调直

弯曲不直的钢筋在混凝土中不能与混凝土共同工作而导致混凝土出现裂缝，以至于产生不应有的破坏。如果用未经调直的钢筋来断料，断料钢筋的长度不可能准确，从而会影响到钢筋成形、绑扎安装等一系列工序的准确性。因此钢筋调直是钢筋加工不可缺少的工序。

钢筋调直有手工调直和机械调直。细钢筋可采用调直机调直,粗钢筋可以采用捶直或扳直的方法。钢筋的调直还可采用冷拉方法,其冷拉率 HPB235 级钢筋不大于 4%,HRB335 级、HRB400 级和 RRB400 级钢筋的冷拉率不宜大于 1%,一般拉至钢筋表面氧化皮开始脱落为止。

2. 钢筋除锈

在自然环境中,钢筋表面接触到水和空气,就会在表面结成一层氧化铁,这就是铁锈。生锈的钢筋不能与混凝土很好粘结,从而影响钢筋与混凝土共同受力工作。若锈皮不清除干净,还会继续发展,致使混凝土受到破坏而造成钢筋混凝土结构构件承载力降低,最终混凝土结构耐久性能下降,结构构件完全破坏,钢筋的防锈和除锈是钢筋工非常重要的一项工作。

在预应力混凝土构件中,对预应力钢筋的防锈和除锈要求更为严格。因为在预应力构件中,受力作用主要依靠预应力钢筋与混凝土之间的粘结能力,因此要求构件的预应力钢筋或钢丝表面的油污、锈迹要全部清除干净,凡带有氧化锈皮或蜂窝状锈迹的钢丝一律不得使用。

因此,在使用前,钢筋的表面应洁净。油渍、漆污和用锤敲击时能剥落的浮皮、铁锈等应清除干净。在焊接前,焊点处的水锈应清除干净。现行国家标准《混凝土结构工程施工质量验收规范》(GB 50204—2015)中第 5.2.4 条规定:"钢筋应平直、无损伤,表面不得有裂纹、油污、颗粒状或片状老锈。"

3. 钢筋切断

钢筋经调直、除锈完成后,即可按下料长度进行切断。钢筋应按下料长度下料,力求准确,允许偏差应符合有关规定。钢筋下料切断可用钢筋切断机(直径 40mm 以下的钢筋)及手动液压切断器(直径 16mm 以下的钢筋)。钢筋切断前,应有计划,根据工地的材料情况确定下料方案,确保钢筋的品种、规格、尺寸、外形符合设计要求。切断时,将同规格钢筋根据不同长度长短搭配、统筹排料;一般应先断长料,后断短料,减少短头,长料长用,短料短用,使下脚料的长度最短。切剩的短料可作为电焊接头的帮条或其他辅助短钢筋使用,力求减少钢筋的损耗。

4. 钢筋弯曲成形

弯曲成形是将已切断、配好的钢筋按照施工图纸的要求加工成规定的形状尺寸。

弯曲分为人工弯曲和机械弯曲两种。钢筋弯曲成形一般采用钢筋弯曲机、四头弯曲机(主要用于弯制钢箍)及钢筋弯箍机。在缺乏机具设备的条件下,也可采用手摇扳手弯制钢筋,用卡盘与扳手弯制粗钢筋。钢筋弯曲前应先画线,形状复杂的钢筋应根据钢筋外包尺寸,扣除弯曲调整值(从相邻两段长度中各扣一半),以保证弯曲成形后外包尺寸准确。

第三章 钢筋工相关知识

第一节 混凝土基本知识

一、混凝土概述

混凝土是目前最主要的土木工程材料之一。它是由胶结材料、骨料和水按一定比例配制，经搅拌振捣成形，在一定条件下养护而成的人造石材。混凝土具有原料丰富，价格低廉，生产工艺简单的特点，因而其使用量越来越大；同时混凝土还具有抗压强度高，耐久性好，强度等级范围宽，使其使用范围十分广泛，不仅在各种土木工程中使用，就是造船业、机械工业、海洋的开发和地热工程等，混凝土也是重要的材料。

混凝土工程分为现浇混凝土工程和预制混凝土工程，是钢筋混凝土工程的重要组成部分之一。混凝土工程质量好坏是保证混凝土能否达到设计强度等级的关键，将直接影响钢筋混凝土结构的强度和耐久性。由于混凝土有的是在施工现场搅拌、浇筑，其原料质量和施工质量将对混凝土工程质量有决定性影响。因此，必须按照国家标准《混凝土结构工程施工质量验收规范》的要求进行施工，以确保混凝土工程质量。

（一）混凝土的组成及作用

普通混凝土（简称为混凝土）是由水泥、粗骨料（碎石或卵石）、细骨料（砂）和水拌合，经硬化而成的一种人造石材。为改善混凝土的某些性能，还常加入适量的外加剂和掺合料。

在混凝土中，砂、石起骨架作用，称为骨料，并抑制水泥的收缩；水泥与水形成水泥浆，水泥浆包裹在骨料表面并填充其空隙。在硬化前，水泥浆起润滑作用，赋予拌合物一定和易性，便于施工。水泥浆硬化后，则将骨料胶结成一个坚实的整体。

（二）混凝土组成材料的技术要求

混凝土的技术性质在很大程度上是由原材料的性质及其相对含量决定的。同时也与施工工艺（搅拌、成形、养护）有关。因此，我们必须了解其原材料的性质、作用及其质量要求，合理选择原材料，这样才能保证混凝土的质量。

1. 水泥

（1）水泥品种选择

配制混凝土一般可采用硅酸盐水泥、普通硅酸盐水泥、矿渣硅酸盐水泥、火山灰质硅酸盐水泥和粉煤灰硅酸盐水泥。必要时也可采用快硬硅酸盐水泥或其他水泥。水泥的性能指标必须符合现行国家有关标准的规定。

采用何种水泥，应根据混凝土工程特点和所处的环境条件选用。

（2）水泥强度等级选择

水泥强度等级的选择应与混凝土的设计强度等级相适应。原则上是配制高强度等级的混凝土，选用高强度水泥；配制低强度等级的混凝土宜用河砂。若必须使用海砂时，则应经淡水冲洗，其氯离子含量不得大于 0.02%。有些杂质如泥土、贝壳和杂物可在使用前经过冲洗、过筛处理将其清除。特别是配制高强度混凝土时更应严格些。当用较高强度等级水泥配制低强度混凝土时，由于水灰比（水与水泥的质量比）大，水泥用量少，拌合物的和易性不好。这时，如果砂中泥土细粉多一些，则只要将搅拌时间稍加延长，就可改善拌合物的和易性。

2. 砂子

（1）颗粒形状及表面特征

细骨料的颗粒形状及表面特征会影响其与水泥的粘结及混凝土拌合物的流动性。山砂的颗粒多具有棱角，表面粗糙，与水泥粘结较好，用它拌制的混凝土强度较高，但拌合物的流动性较差；河砂、海砂，其颗粒多呈圆形，表面光滑，与水泥的粘结较差，用来拌制混凝土，混凝土的强度则较低，但拌合物的流动性较好。

（2）砂的颗粒级配及粗细程度

砂的颗粒级配，即表示砂大小颗粒的搭配情况。在混凝土中砂粒之间的空隙是由水泥浆所填充，为达到节约水泥和提高强度的目的，就应尽量减小砂粒之间的空隙。如果是同样粗细的砂，空隙最大；两种或三种粒径的砂搭配起来，空隙就会减小。由此可见，要想减小砂粒间的空隙，就必须有大小不同的颗粒搭配。砂的粗细程度，是指不同粒径的砂粒混合在一起后的总体的粗细程度，通常有粗砂、中砂与细砂之分。在相同质量条件下，细砂的总表面积较大，而粗砂的总表面积较小。在混凝土中，砂子的表面需要由水泥浆包裹，砂子的总表面积越大，则需要包裹砂粒表面的水泥浆就越多。一般说，用粗砂拌制混凝土比用细砂所需的水泥浆为省。

因此，在拌制混凝土时，这两个因素（砂的颗粒级配和粗细程度）应同时考虑。当砂中含有较多的粗粒径砂，并以适当的中粒径砂及少量细粒径砂填充其空隙，则可达到空隙率及总表面积均较小，这样的砂比较理想，不仅水泥浆用量较少，而且还可提高混凝土的密实性与强度。可见控制砂的颗粒级配和粗细程度有很大的技术经济意义，因而它们是评定砂质量的重要指标，而仅用粗细程度这一指标是不能作为判据的。

（三）混凝土的主要技术性质

混凝土的性质包括混凝土拌合物的和易性、混凝土强度、变形及耐久性等。

1. 混凝土的和易性

和易性是指混凝土拌合物在一定的施工条件下，便于各种施工工序的操作，以保证获得均匀密实的混凝土的性能。和易性是一项综合技术指标，包括流动性（稠度）、黏聚性和保水性三个主要方面。

2. 混凝土的强度

强度是混凝土硬化后的主要力学性能，反映混凝土抵抗荷载的量化能力。混凝土强度包括抗压、抗拉、抗剪、抗弯、抗折及握裹强度。其中以抗压强度最大，抗拉强度最小。

3. 混凝土的变形

混凝土的变形包括非荷载作用下的变形和荷载作用下的变形。非荷载作用下的变形有化学收缩、干湿变形及温度变形等。水泥用量过多，在混凝土的内部易产生化学收缩而引起微细裂缝。

4. 混凝土的耐久性

混凝土耐久性是指混凝土在实际使用条件下抵抗各种破坏因素作用，长期保持强度和外观完整性的能力。包括混凝土的抗冻性、抗渗性、抗蚀性及抗碳化能力等。

二、钢筋与混凝土共同工作原理

1. 钢筋与混凝土共同工作的原理

钢筋和混凝土两种材料的物理力学性能很不相同，它们可以结合在一起共同工作，是因为：

（1）钢筋和混凝土之间存在有良好的粘结力，在荷载作用下，可以保证两种材料协调变形、共同受力。

（2）钢筋与混凝土具有基本相同的温度线膨胀系数（钢材为 1.2×10^{-5}，混凝土为 $1.0 \times 10^{-5} \sim 1.5 \times 10^{-5}$），因此当温度变化时，两种材料不会产生过大的变形差而导致两者间的粘结力破坏。

（3）混凝土将钢筋紧紧包裹住，可以防止钢筋锈蚀，保证结构的耐久性。

2. 钢筋混凝土结构对钢筋性能的要求

钢筋混凝土结构要求主要是钢筋应具有足够的强度、塑性、可焊性以及与混凝土产生可靠的粘结力等方面。

（1）强度：要求钢筋有足够的强度和适宜的强屈比（极限强度与屈服强度的比值）。例如，对抗震等级为一、二级的框架结构，其纵向受力钢筋的实际强屈比不应小于 1.25。

（2）塑性：要求钢筋应有足够的变形能力。

（3）可焊性：要求钢筋焊接后不产生裂缝和过大的变形，焊接接头性能良好。

（4）与混凝土的粘结力：要求钢筋与混凝土之间有足够的粘结力，以保证两者共同工作。

3. 混凝土保护层和截面的有效高度

（1）混凝土保护层。

为防止钢筋锈蚀和保证钢筋与混凝土的粘结，梁、板的受力钢筋均应有足够的混凝土保护层，如图 3-1 所示。混凝土保护层应从钢筋的外边缘起算，受力钢筋的混凝土保护层最小厚度应按现行国家标准《混凝土结构设计规范》（GB 50010）的规定采用，同时也不应小于受力钢筋的直径。混凝土结构的环境类别见《混凝土结构设计规范》（GB 50010）。

（2）截面的有效高度。

计算梁、板承载力时，因为混凝土开裂后，拉力完全由钢筋承担，则梁、板能发挥作用的截面高度应为从受压混凝土边缘至受拉钢筋合力点的距离，这一距离称为截面有效高度，用 h_0 表示（图 3-1）。

$$h_0 = h - a_s$$

式中　h——受弯构件的截面高度；

　　　a_s——纵向受拉钢筋合力点至截面近边的距离。

根据钢筋净距和混凝土保护层最小厚度，并考虑到梁、板常用钢筋的平均直径（梁中平均直径 $d = 20mm$，板中平均直径 $d = 10mm$），在室内正常环境下，可按下述方法近似

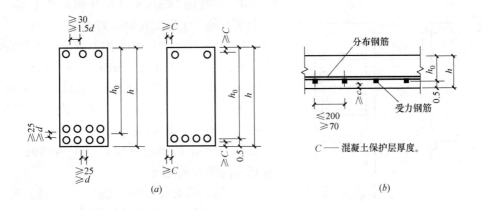

图 3-1　混凝土保护层和截面有效高度

确定 h_0 值。

对于梁，当混凝土保护层厚为 25mm 时：

受拉钢筋配置成一排时，$h_0 = h - 60mm$；受拉钢筋配置成两排时，$h_0 = h - 35mm$。

对于板，当混凝土保护层厚度为 15mm 时，$h_0 = h - 20mm$。

三、施工缝

1. 施工缝的设置

由于施工技术和施工组织上的原因，不能连续将结构整体浇筑完成，并且间歇的时间预计将超出规范规定的时间时，应预先选定适当的部位设置施工缝。

设置施工缝应严格按照规定，认真对待。如果位置不当或处理不好，会引起质量事故，轻则开裂渗漏，影响寿命；重则危及结构安全，影响使用。因此，要给予高度重视。

施工缝的位置应设置在结构受剪力较小且便于施工的部位。留缝应符合下列规定：

（1）柱子留置在基础的顶面、梁或吊车梁牛腿的下面、吊车梁的上面、无梁楼板柱帽的下面（图 3-2）。

（2）和板连成整体的大断面梁，留置在板底面以下 20~30mm 处。当板下有梁托时，留在梁托下部。

（3）单向板，留置在平行于板的短边的任何位置。

（4）有主次梁的楼板，宜顺着次梁方向浇筑，施工缝应留置在次梁跨度的中间三分之一范围内（图 3-3）。

（5）墙，留置在门洞口过梁跨中 1/3 范围内，也可留在纵横墙的交接处。

（6）双向受力楼板与十大体积混凝土结构、拱、弯拱、薄壳、蓄水池、斗仓、

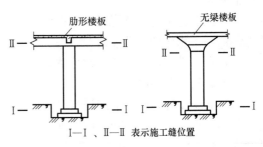

I—I 、II—II 表示施工缝位置

图 3-2　浇筑柱的施工缝位置图

多层刚架及其他结构复杂的工程，施工缝的位置应按设计要求留置。下列情况可作参考：

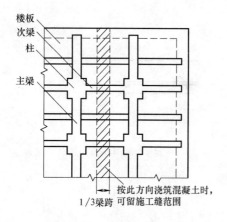

图 3-3　浇筑有主次梁楼板的施工缝位置图

楼板
次梁
柱
主梁

按此方向浇筑混凝土时，
1/3梁跨 可留施工缝范围

1）斗仓施工缝可留在漏斗根部及上部，或漏斗斜板与漏斗主壁交接处，如图 3-4 所示。

2）一般设备地坑及水池，施工缝可留在坑壁上，距坑（池）底混凝土面的 30～50cm 范围内。

（7）承受动力作用的设备基础，不应留施工缝。如必须留施工缝时，应征得设计单位同意。一般可按下列要求留置：

1）基础上的机组在担负互不相依的工作时，可在其间留置垂直施工缝。

2）输送辊道支架基础之间，可留垂直施工缝。

（8）在设备基础的地脚螺栓范围内。留置施工缝时，应符合下列要求：

1）水平施工缝的留置。必须低于地脚螺栓底端，其与地脚螺栓底端距离应大于 150mm；直径小于 30mm 的地脚螺栓，水平施工缝可以留在不小于地脚螺栓埋入混凝土部分总长度的四分之三处。

2）垂直施工缝的留置，其地脚螺栓中心线间的距离不得小于 250mm，并不小于 5 倍螺栓直径。

2. 施工缝的处理

在施工缝处继续浇筑混凝土时，已浇筑的混凝土抗压强度不应小于 1.2N/mm²。混凝土达到 1.2N/mm² 的时间，可通过试验决定。同时，必须对施工缝进行必要的处理。

（1）在已硬化的混凝土表面上继续浇筑混凝土前，应清除垃圾、水泥薄膜、表面上松动砂石和软弱混凝土层，同时还应加以凿毛，用水冲洗干净并充分湿润，一般不宜少于 24h，残留在混凝土表面的积水应予清除。

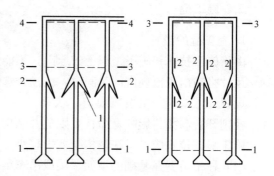

图 3-4　斗仓施工缝位置
1-1、2-2、3-3、4-4—施工缝位置；1—漏斗板

（2）注意施工缝位置附近回弯钢筋时，要做到钢筋周围的混凝土不受松动和损坏。钢筋上的油污、水泥砂浆及浮锈等杂物也应清除。

（3）在浇筑前，水平施工缝宜先铺上 10～15mm 厚的水泥砂浆一层，其配合比与混凝土内的砂浆成分相同。

（4）从施工缝处开始继续浇筑时。要注意避免直接靠近缝边下料。机械振捣前，宜向施缝处逐渐推进，并距 80～100cm 处停止振捣，但应加强对施工缝接缝的捣实工作，使其紧密结合。

（5）承受动力作用的设备基础的施工缝处理，应遵守下列规定：

1）标高不同的两个水平施工缝，其高低结合处应留成台阶形，台阶的高度比不得大于 1。

2）在水平施工缝上继续浇筑混凝土前，应对地脚螺栓进行一次观测校正。

3）垂直施工缝处应加插钢筋，其直径为 12～16mm，长度为 50～60cm，间距为 50cm。在台阶式施工缝的垂直面上亦应补插钢筋。

3. 后浇带的设置

后浇带是为在现浇钢筋混凝土结构施工过程中，克服由于温度、收缩而可能产生有害裂缝而设置的临时施工缝。该缝需根据设计要求保留一段时间后再浇筑，将整个结构连成整体。

后浇带的设置距离，应考虑在有效降低温差和收缩应力的条件下，通过计算来获得。在正常的施工条件下，有关规范对此的规定是，如混凝土置于室内和土中，则为 30m；如在露天，则为 20m。

后浇带的保留时间应根据设计确定，若设计无要求时，一般至少保留 28d 以上。

后浇带的宽度应考虑施工简便，避免应力集中。一般其宽度为 70～100cm。后浇带内的钢筋应完好保存。后浇带的构造如图 3-5 所示。

后浇带在浇筑混凝土前，必须将整个混凝土表面按照施工缝的要求进行处理。填充后浇带的混凝土可采用微膨胀或无收缩水泥，也可采用普通水泥加入相应的外加剂拌制。但必须要求填筑混凝土的强度等级比原结构强度提高一级，并保持至少 15d 的湿润养护。

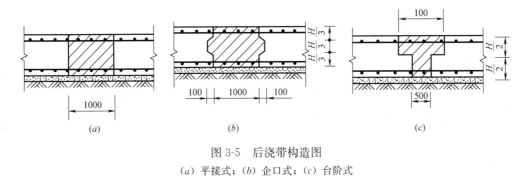

图 3-5　后浇带构造图
(a) 平接式；(b) 企口式；(c) 台阶式

四、预应力钢筋混凝土结构

预应力钢筋混凝土与钢筋混凝土比较，具有构件截面小、自重轻、刚度大、抗裂度高、耐久性好、材料省等优点，但预应力混凝土施工需要专门的材料与设备、特殊的工艺、单价较高。在大开间、大跨度与重荷载的结构中，采用预应力混凝土结构，可减少材料用量，扩大使用功能，综合经济效益好，在现代结构中具有广阔的发展前景。

预应力混凝土按预应力度大小可分为：全预应力混凝土和部分预应力混凝土。全预应力混凝土是在全部使用荷载下受拉边缘不允许出现拉应力的预应力混凝土，适用于要求混凝土不开裂的结构。部分预应力混凝土是在全部使用荷载下受拉边缘允许出现一定的拉应力或裂缝的混凝土，其综合性能较好，费用较低，适用面广。

预应力混凝土按施工方式不同可分为：预制预应力混凝土、现浇预应力混凝土和叠合预应力混凝土等。按预加应力的方法不同可分为：先张法预应力混凝土和后张法预应力混凝土。先张法是在混凝土浇筑前张拉钢筋，预应力是靠钢筋与混凝土之间的粘结力传递给混凝土。后张法是在混凝土达到一定强度后张拉钢筋，预应力靠锚具传递给混凝土。在后张法中，按预应力筋粘结状态又可分为有粘结预应力混凝土和无粘结预应力混凝土。前者在张拉后通过孔道灌浆使预应力筋与混凝土相互粘结，后者由于预应力筋涂有油脂。预应力只能永久地靠锚具传递给混凝土。

我国预应力技术是在 20 世纪 50 年代后期起步的，当时采用冷拉钢筋作预应力筋，生产预制预应力混凝土屋架、吊车梁等工业厂房构件。70 年代在民用建筑中推广冷拔低碳钢丝配筋的预制预应力混凝土中小型构件。80 年代，结合我国现代多层工业厂房与大型公共建筑发展的需要，高强预应力钢材（高强钢丝与钢纹线）配筋的现代预应力混凝土出现，我国预应力技术从单个构件发展到预应力混凝土结构新阶段。在建筑工程中，预应力混凝土结构体系主要有：部分预应力混凝土现浇框架结构体系，无粘结预应力混凝土现浇楼板结构体系，在特种构筑物中，预应力混凝土电视塔、安全壳、筒仓、贮液池等也相继建成。此外，预应力技术在房屋加固与改造中也得到推广应用。

近几年来，随着我国大跨度公共建筑兴建的需要，预应力技术与空间钢结构相结合，创造出预应力网架、网壳、索网、索拱、索膜、斜拉等结构新体系，充分发挥受拉杆件的潜力，结构轻盈，时代感强。

第二节　钢筋作业安全技术要求

一、钢筋制作安装安全技术要求

（1）钢筋加工机械应保证安全装置齐全有效。

（2）钢筋加工场地应由专人看管，各种加工机械在作业人员下班后拉闸断电，非钢筋加工制作人员不得擅自进入钢筋加工场地。

（3）冷拉钢筋时，卷扬机前应设置防护挡板，或将卷扬机与冷拉方向成 90°，且应用封闭式的导向滑轮，冷拉场地禁止人员通行或停留，以防被伤害。

（4）起吊钢筋骨架时，下方禁止站人，待骨架降落至距安装标高 1m 以内方准靠近，就位支撑好后，方可摘钩。

（5）在高空、深坑绑扎钢筋和安装骨架应搭设脚手架和马道。绑扎 3m 以上的柱钢筋应搭设操作平台，已绑扎的柱骨架应采用临时支撑拉牢，以防倾倒。绑扎圈梁、挑檐、外墙、边柱钢筋时，应搭设外脚手架或悬挑架，并按规定挂好安全网。

二、钢筋焊接作业安全技术要求

（1）焊机应接地，以保证操作人员安全；对于接焊导线及焊炬接导线处，都应有可靠地绝缘。

（2）大量焊接时，焊接变压器不得超负荷，变压器升温不得超过 60℃。为此，要特别注意遵守焊机暂载率规定，以避免过分发热而损坏。

（3）室内电弧焊时，应有排气通风装置。焊工操作地点相互之间应设挡板，以防弧光刺伤眼睛。

（4）焊工应穿戴好防护用具。电弧焊焊工要戴防护面罩。焊工应站立在干木垫或其他绝缘垫上。

（5）焊接过程中，如焊机发生不正常响声，变压器绝缘电阻过小导线破裂、漏电等，均应立即进行检修。

三、其他安全技术要求

（1）钢筋断料、配料、弯料等工作应在地面进行，不准在高空操作。

（2）搬运钢筋要注意附近有无障碍物、架空电线和其他临时电气设备，防止钢筋在回转时碰撞电线或发生触电事故。

（3）现场绑扎悬空大梁钢筋时，不得站在模板上操作，应在脚手板上操作；绑扎独立柱头钢筋时，不准站在钢箍上绑扎，也不准将木料、管子、钢模板穿在钢箍内作为立人板。

（4）起吊钢筋骨架，下方禁止站人，待骨架降至距模板 1m 以下后才准靠近，就位支撑好后方可摘钩。

（5）起吊钢筋时，规格应统一，不得长短参差不一，不准一点吊。

（6）切割机使用前，应检查机械运转是否正常，是否漏电；电源线须进漏电开关，切割机后方不准堆放易燃物品。

（7）钢筋头子应及时清理，成品堆放要整齐，工作台要稳，钢筋工作棚照明灯应加网罩。

（8）高处作业时，不得将钢筋集中堆在模板和脚手板上，也不要把工具、钢箍、短钢筋随意放在脚手板上，以免滑下伤人。

（9）在雷雨时应暂停露天操作，防雷击伤人。

（10）钢筋骨架不论其固定与否，不得在其上行走，禁止从柱子上的钢筋骨架攀爬上下。

（11）钢筋冷拉时，冷拉线两端必须装置防护设施。冷拉时严禁在冷拉线两端站人或跨越、触动正在冷拉的钢筋。

第二部分
操作技能

第四章 钢筋翻样及配料

第一节 钢 筋 翻 样

钢筋翻样，就是将图纸设计的钢筋一根一根地提取出来，画出简图，标注各部分尺寸，用来由钢筋工加工钢筋使用的料单。

一、钢筋翻样的常用方法

钢筋翻样的常用方法如下。

1. 纯手工法

手工翻样是最传统的方法，也是较为可靠的翻样方法，至今仍是用得最多的方法。任何软件都不如手工灵活性好，但手工的运算速度和效率远不如软件。

2. 电子表格法

电子表格法是一种模拟手工翻样的方法，在电子表格中设置一些计算公式，让软件自动计算、汇总，可以减少大量工作量。

3. 单根法

单根法是钢筋软件最基本、最简单，也是万能输入的一种方法。一些软件可以让用户自定义钢筋形状，可以处理任意形状的钢筋计算，这种方法很好地弥补了电子表格中钢筋形状不好处理的问题，但其效率依然很低，自动化、智能化程度较低。

4. 单构件法（也称参数法）

单构件法较单根法有了一定的进步，目前已大量采用。这种方式简单直观，通过软件内置各种有代表性的典型构件图库，并内置相应的计算规则。用户可以输入构件截面信息、钢筋信息和一些其他公共信息，软件自动计算出构件的各种钢筋长度和数量。其缺点是适应性差，内置图库信息有限，无法用于复杂的工程实际，一些复杂的异形构件，用此法难以处理。

5. 图形法（也称建模法）

图形法是钢筋翻样的高级方法，与结构设计的模式类似，即首先设置建筑的楼层信息，与钢筋有关的各种参数信息，各种钢筋计算规则，构造要求及钢筋接头类型等一系列参数，然后根据图纸建立轴网，布置构件，输入构件几何信息和钢筋属性，软件自动考虑构件间的关联扣减，进行整体计算。但是其操作方法较复杂，建模对使用人员的计算机应用水平要求较高。

6. CAD 转化法

CAD 转化法是目前效率最高的钢筋翻样方法，它是利用 CAD 电子设计图进行导入和转化，从而生成钢筋软件中的模型，让软件自动计算。这种方法省去建模环节，效率大幅提高。但应用此法有两个前提条件：一是要有 CAD 电子文件，二是软件的识别率和转化率要高，两者缺一不可。

上述方法通常需要结合使用，没有那一种方法可以单独解决钢筋翻样的所有问题。

二、钢筋翻样的步骤和内容

1. 阅读结构总说明

结构总说明包含与钢筋翻样相关的大量信息，必须仔细阅读分析。阅读完结构总说明，要读懂包括确定工程抗震等级，确定工程设计遵循的标准、规范、规程和标准图，确定混凝土强度等级，钢筋构造做法和零星构件做法等内容。

2. 阅读施工图

如通过建筑立面图了解建筑总高度和楼层高度信息，通过结构目录了解结构标准层与非标准层的划分等，这样较易形成建筑的整体概念。

3. 逐一计算构件钢筋

计算可以按照施工次序、楼层、构件进行，也可以先计算标准层后再计算基础和其他非标准层等，没有统一规定，要按照工程实际和个人工作习惯确定。

4. 出料单

计算完成后，要编制配料清单。钢筋料单要有钢筋简图和计算简图，下料时可能还需要钢筋排列图、下料组合表等。

第二节　钢筋下料计算

一、钢筋下料的注意事项

钢筋下料应综合考虑以下因素。

（1）施工现场情况一般比较复杂，下料需要考虑施工进度和施工流水段，并考虑流水段之间的搭接关系，有时还需要根绝情况进行钢筋的代换和配置。

（2）钢筋下料必须考虑钢筋的弯曲延伸率，钢筋弯曲后，弯折处内皮缩短，外皮延伸，轴线长度保持不变，弯折处形成圆弧状，弯起后尺寸不大于下料长度，应考虑弯曲调整值，否则加工后钢筋会超出图示尺寸。

（3）优化下料。下料需要考虑在规范允许的钢筋断点范围内达到一个钢筋长度最优组合的形式，尽量与钢筋的定尺长度的模数吻合，如钢筋定尺长度为 9m，那么钢筋下料时可下长度为 3m、4.5m、6m、9m、13.5m、15m、18m 等，可以节约人工、机械和钢筋。

（4）优化断。配料单出来后，现场断料时优化、减少短料和废料。依据统筹法和智能筛选优化技术，对料单中的钢筋进行全面整合，把废料减少到最低。钢筋切断应根据钢筋型号、规格、直径、长度和数量，长短搭配，坚持"先断数量多的后断数量少的，先断长料后断短料"的原则，尽量减少和缩短钢筋短头，以节约钢材。

（5）钢筋缩尺，下料时要计算出每根钢筋的长度。

（6）钢筋下料对计算精度要求较高，钢筋的长短、根数和形状都要做到正确无误，否则将影响施工工期和质量，浪费人工和材料。

（7）考虑接头位置，接头不宜位于构件最大弯矩处。搭接长度的末端距钢筋弯折处，不得小于 $10d$（d 为钢筋直径）。

（8）根据施工工艺要求，调整相应构件。如楼梯等构件需要插筋，柱子在层高较大的情况下需要分几次搭接完成。

二、钢筋优化下料

钢筋优化下料主要目的是为了节约钢筋，并节省人工和机械费用等。钢筋优化下料要精打细算，做到钢筋废料最小化。优化下料要从全局规划出发，综合考虑，按照定尺模数和优化原理进行下料。以下列举一些实践中总结的优化下料经验，具有一定的可操作性和实用性。

1. 有选择进料

一般来讲，钢筋的进料长度越长越好，这样不仅在下料时少出短料，减少废短头，降低了焊接量，而且在连续接长时减少接头。但也并非越长越好，有时短料也有用武之地。在实际工程中，需要的钢筋长度多种多样，千差万别，要求用较短的定尺钢筋下料后短头最少或为零，也能节约人工机械和材料，所以应在购买或领取钢筋时，针对下料单及工地实际情况，对钢筋的长度进行选择。

如料长 9.9m，显然，进 10m 长钢筋废短头最少。

料长 2.23m，2.23×4＝8.92m，2.23×5＝11.15m，显然，应进 9m 长钢筋。其具体做法是，以每根钢筋为 9/4＝2.25m，断料时直接下 2.25m 即可。

某工程层高为 3.3m。柱主筋 $\phi14$，柱筋下料长度考虑搭接长度为：3000＋686＝3986，而 3.986×3＝11.958m，应进 12m 长钢筋。

某工程层高为 4.4m。柱主筋 $\phi22$，柱纵筋采用电渣压力焊接头，不考虑渣焊烧蚀损耗，柱主筋长度等同于层高，柱主筋长度为 4.4m。可下料 4.5m，上一层柱主筋下料时可减少 0.1m，选择 9m 定尺钢筋，废料为 0。

主次梁的焊接接头不允许超过 50%，因此，梁主筋的起头除进 12m 钢筋以外，还应进一半 9m 或 10m 长的钢筋。

2. 长短合理搭配

在钢筋加工制作过程中，同一种钢筋往往有多种下料尺寸。不能按下料单中的先后顺序下料，而应先截长料，所余钢筋有时与其他编号钢筋长度接近，可利用之，反之，就会浪费钢筋。这是钢筋下料时节省钢筋的一项原则。

例如，某框架梁需要以下负弯矩筋，现场有 9m 长 $\phi25$ 钢筋。

① 号筋　4.2m；

③ 号筋　4.7m。

如果按下料单下料的顺序分别下料，在截①号筋时 9－4.2×2＝0.6m，短头出现；而如果先截③号筋，剩余 4.3m 钢筋用来断用搭配法下①号筋 4.2m 的料，只有 0.1m 短头出现。在钢筋下料时对短料的用途处做到心中有数。例如住宅楼的预制过梁、梁垫铁、马凳、烟道、管道侧面的附加筋、次梁端头的负弯矩筋、楼梯等。这些零星构件可以利用废料来加工。

3. 钢筋相乘下料

如果标准层主梁需要箍筋 3000 个，单个箍筋料长 1.9m。

在调直机普遍使用之前，盘条的调直加工一般是用卷扬机调直后，用钢筋剪刀截取箍筋时往往会出现大量短头。先计算 1.9×5＝9.5m，调直后的钢筋上截取 600 根 9.5m 长直条，然后再截取 1.9m 长箍筋料，不会有废料出现。

4. 钢筋相加下料

以下两种长度的 $\phi22$ 钢筋，其数量相近。现场有 9m 长钢筋。

① $\phi22$ 3.9m；

② $\phi22$ 4.9m。

$$3.9+4.9=8.8m$$

在 1 根 9m 长钢筋上可截取①3.9m 和②4.9m 长钢筋各一根，只有 0.2m 的短头，这样可减少短钢筋头和焊接。如果不是同时截取而是分别截取两种钢筋，则造成很大的浪费。

5. 钢筋混合下料

有以下两种长度的 $\phi20$ 负弯矩筋，现场有 12m 的钢筋。

① $\phi22$ 3.8m；

② $\phi22$ 4.2m。

不要单独下料，可进行优化组合。

$$3.8×2+4.2=11.8m$$

在一根 12m 长钢筋上截取 2 根 3.8m 钢筋和一根 4.2m 长钢筋，为最佳下料方案。

在钢筋下料时，为了减少钢筋短头，需要经常采用相加法和混合法下料。这两种方法尤其适用于有多个下料尺寸的加粗钢筋的下料，是框架结构中经常采用的下料方法。

在框架结构的钢筋工程施工中，一般安排两个小组分别制作大梁的主筋。一组负责钢筋成形后的下料长度大于现场整尺长度的钢筋制作；另一组负责钢筋下料长度小于现场整尺长度的钢筋制作。后一小组在下料前应把有多个成形及下料尺寸的某一种钢筋下料单抄写在一起，然后运用加法与混合法进行比对计算，设计出节省钢筋的最佳方案。

6. 柱筋上下结合下料

如某框架楼层高为 4.2m，但在常见的 9m 或 12m 整尺钢筋上截取 4.2m 柱筋，均有大量的废短头及焊接头出现。如果把第二层柱与第三层柱结合起来推算，这两根柱筋加起来总长为 4.2+4.2＝8.4m，也有废料，如果第二层柱筋取用 4.5m（易从 9m 长整尺钢筋上取得），第三层柱筋取用 4m（易从 12m 整尺钢筋上取得），则 4.5+4＝8.5m，二层柱纵筋露出长度 650mm，则第三层柱纵筋露出 4.5－4.2+0.65＝0.95m，第四层柱纵筋露出长度 0.65+0.1－3×0.03（电渣焊耗损值）＝0.66m。结果既没有短头出现，也避免了短头钢筋，又考虑了柱纵筋的焊接损耗。

7. 钢筋代用下料

如某框架梁中端支座负弯矩钢筋下料长度为 4550mm。现场有 9m 长整尺钢筋。不能太机械死板，而应灵活机动。从 9m 长整尺钢筋上截取 4.5m 长钢筋，废料为 0。但钢筋长度比需用长度短了 50mm，应验算一下，在支座内水平投影长度是否不小于 $0.4L_{aE}$ 和是否伸至主锚区内弯折。节约钢筋的前提是要保证质量而不偷工减料。

8. 一步到位钢筋下料

如某楼外围均设有 66 根柱，柱顶端在一层檐子底部标高为 2.050m 处封顶，且每根柱配有 $6\phi16$ 钢筋，现需要在基础工程中下料。

柱在基础中主筋下料,人们往往习惯于把每根柱子的主筋露出±0.000m以上,并错开搭接,在进行一层施工时再另外下料接长。因为住宅楼结构图不像框架楼结构图那样出示柱子的竖向剖面图,所以人们不太注意±0.000m以上柱子的情况按习惯性做法下料。如果认真查看柱子±0.000m以上的情况就会发现,在±0.000m以上露出的较高柱筋的柱头距柱子顶端只有1.36m。所以考虑柱筋下料从基础直接到顶端,总共只有3.4m长,可以一步到位。这样不仅减少了接头,而且也省去了绑扎搭接区加密箍筋,预先绑扎柱骨架时应一次把箍筋绑完,不仅节省人工,而且工程质量有保证。推而广之,有许多构件都是可以采用没有接头的一次性连接,只要能满足操作就行。

9. 短尺定做钢筋下料

有的钢筋经销处能进长短不齐但质量合格的钢筋,长度大多在7m以下,可以根据需要截取各种长度的短料,价格也不贵。进这种钢筋短料,不仅无短头,而且也省去了机械切断费用,所以当工程中需要钢筋短料时,可以根据下料单提前呈报、定做。

10. 改接头钢筋下料

梁上部纵筋接长常常采用绑扎搭接,如果采用焊接方法接长,既节省了绑扎长度的钢筋,也节省了绑扎区需要加密的箍筋。梁下部纵筋也不要全部在支座处锚固,能通则通,一能减少钢筋用量,二是减轻节点处钢筋的拥挤,保证混凝土对钢筋的全握裹并能方便混凝土的浇捣。

11. 废短钢筋头降格使用下料

如某框架梁端头需用ϕ20负弯矩筋,料长1.88m,现场有直径ϕ22、长2m左右的短钢筋头。可以截取1.88m长ϕ22短钢筋头代替ϕ20钢筋使用,如果钢筋根数不变会增大构件配筋率,可进行钢筋等面积代换。

12. 无短头起头钢筋下料法

板钢筋ϕ12按绑扎搭接,现场有12m长钢筋。施工规范规定:绑扎接头在同一截面内的百分率不大于25%。所以板钢筋起头至少以4根相差1.3倍搭接长度的钢筋为一组,然后平行排列。为避免出现短头,可按以下方法起头:

$$先截取长度+后余长度=12m$$

(1) 2m+10m=12m;

(2) 3m+9m=12m;

(3) 4m+8m=12m;

(4) 5m+7m=12m。

可任取两组,并成一组,也可以把12m整长钢筋作为每一组的第5根。但制作时并不与每一组起头捆在一起而单在布筋时单独排列。这种起头方法没有短钢筋头。

在框架梁起头时,如果现场只有一种长度的整尺钢筋,可以把整尺钢筋一分为二,与整尺钢筋各50%起头。

13. 短头对接下料

工地上往往堆放着一些暂时不用的短头钢筋,有时经焊接后能作短料。但这些短头钢筋长短不齐,如果每种钢筋进行比对,速度太慢。现介绍一个便捷的比对方法。

先在地上画出两道平行的所需钢筋尺寸线,然后把钢筋短头在地上对齐后,分别沿两道尺寸线平行摆放,再站在与钢筋垂直的一侧查看,如果钢筋两个端头和重叠量等于或大于焊接预留量，可把这两根钢筋拿出进行焊接，之后截成所需的短料。这种方法不仅快捷，而且废短头钢筋很少，但不能作为受力钢筋使用。按照《混凝土结构设计规范》（GB 50010—2010）规定，在钢筋焊接区段内，即 2 倍的 35d（动荷载时 2×45d）或 2×500mm 范围内的短钢筋是不能用来连续焊接使用的，这其实就是排列组合的问题，无穷解！只能取最相近的值。

钢筋优化下料需要钢筋加工班长与钢筋翻样师互相配合和分工，对下料单要有统筹全局认识和理解，对预料大致用于什么构件要做到心中有数。一般翻样师在下料单中除重要之处予以注明焊点位置和连接排列方式外，其余的均交由加工人员自行组合。翻样师的精力应花在对图纸、规范的理解，准确计算下料、施工流水段的衔接以及宏观指导钢筋班组，提供最佳优化方案等。而钢筋加工班长则具体实施，应做到在细节上的主观能动性和因地制宜的创造性。

三、平法识图基础

1. 平法的基本概念

平法即平面表示法，是指混凝土结构施工图平面整体表示方法（简称平法）。是把结构构件的尺寸和钢筋等，按照平面整体表示方法制图规则，整体直接表达在各类构件的结构平面布置图上，再与标准构造详图相配合，即构成一套完整的结构施工图的方法。它改变了传统的那种将构件从结构平面布置图中索引出来，再逐个绘制配筋详图的繁琐方法，是混凝土结构施工图设计方法的重大改革。

2. 平法有关图集介绍

为了规范各地的图示方法，原建设部于 2003 年 1 月 20 日下发通知，批准《混凝土结构施工图平面整体表示方法制图规则和构造样图》作为国建建筑标准设计图集（简称"平法图集"），图集号为 03G101-1，于 2003 年 2 月 15 日执行。

2011 年对 03G101 进行了修改，新图集号为 11G101-1、11G101-2、11G101-3，11G101系列新平法于 2011 年 9 月 1 日正式实施。图集中包括基础顶面以上的现浇混凝土柱、墙、梁、楼面与屋面板（有梁楼盖及无梁楼盖）等构件的平面整体表示方法制图规则和标准构造详图两部分内容，其具体内容是针对"现浇混凝土框架、剪力墙、梁、板"的。11G101-1图集遵循《混凝土结构设计规范》（GB 50010—2010）、《建筑抗震设计规范》（GB 50011—2010）、《高层混凝土结构技术规程》（JGJ 3—2010）等规范。该图集是以前的 03G101-1 图集、04G101-4 图集的修编本及合并本，并协调加入了 08G101-5 图集的内容。

与旧图集 03G101-1 有 100 个不同点，新旧图集替代关系如下：

《混凝土结构施工图平面整体表示方法制图规则和构造详图（现浇混凝土框架、剪力墙、梁、板）》（11G101-1）替代 03G101-1、04G101-4。

《混凝土结构施工图平面整体表示方法制图规则和构造详图（现浇混凝土板式楼梯）》（11G101-2）替代 03G101-2。

《混凝土结构施工图平面整体表示方法制图规则和构造详图（独立基础、条形基础、筏形基础及桩基承台）》（11G101-3）替代 04G101-3、08G101-5、06G101-6。

2012 年又发布了《混凝土结构施工图 平面整体表示方法制图规则和构造详图（剪力墙边缘构件）》（12G101-4），2013 年发布了《G101 系列图集施工常见问题答疑图解》。

3. 平法施工图制图识图的一般规则

按平法设计绘制的施工图内容一般包括两大部分，即各类构件平面整体表示图和标准构造详图。对于复杂的房屋建筑，还须增加模板、开洞和预埋件等平面图。只有在特殊情况下，才需增加剖面配筋图。

平法适用的结构构件为梁、柱、剪力墙三种。在平法施工图上，应将所有构件进行编号，编号中含有类型代号和序号等。其中，类型代号应与平法标准构造详图上所注类型代号一致，避免造成歧义和混乱。

在平法施工图上，还应注明各结构层楼地面标高、结构层高及相应的结构层号等。

按平法设计绘制结构施工图时，必须根据具体工程设计、按照各类构件的平法制图规则，再按结构层绘制的平面布置图上直接表示，在平面布置图上表示各种构件尺寸、配筋方式和所选用的标准构造详图。

平法表示方法分平面注写方式、列表注写方式和截面注写方式三种。平面注写方式包括集中标注与原位标注，集中标注表达梁的通用数值，是构件的必注项及构件的相同项，标注信息包括构件截面、钢筋参数等通用，原位标注表达梁的特殊数值。当集中标注的某项数值不适合用于梁的某部位时，则将该数值原位标注，施工时，当原位标注与集中标注不一致时，原位标注数值优先。

另外，有关梁、柱、剪力墙等平法施工图的标注方式和制图识图方法，读者可自行查阅图集 11G101-1～3、12G101-4 和 13G101-11 等的有关内容，在此不予赘述。

四、钢筋下料长度

下料长度指的是其中某根钢筋在下料之前的剪切长度，就是剪切多长的钢筋能够完成该根钢筋的加工。为使钢筋满足设计要求的形状和尺寸，需要对钢筋进行弯折，而弯折后钢筋各段的长度总和并不等于其在直线状态下的长度，所以就需要对钢筋的剪切下料长度加以计算。各种钢筋的下料长度可按下式进行计算：

钢筋下料长度 L＝外包尺寸＋钢筋末端弯钩或弯折增长值－钢筋中间部位弯折的弯曲调整值（或量度差值）

1. 钢筋下料长度 L

钢筋在直线状态下剪切下料，剪切前量得的直线状态下长度，称之为下料长度 L。

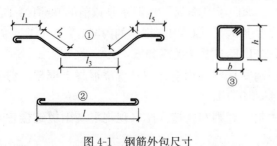

图 4-1　钢筋外包尺寸

2. 外包尺寸

结构施工图中所指钢筋长度是钢筋外缘之间的长度，即外包尺寸，这是施工中量度钢筋长度的基本依据。如图 4-1 所示，对应的外包尺寸分别为：① $L_1 = l_1 + l_2 + l_3 + l_4 + l_5$，② $L_2 = l$，③ $L_3 = 2(b+h)$。

五、钢筋下料计算方法

1. 构造要求

(1)《混凝土结构工程施工规范》（GB 50666—2011）第 5.3.5 条要求：受力钢筋的

弯折应符合下列规定：

1）光圆钢筋末端应作 180°弯钩，弯钩的弯后平直部分长度不应小于钢筋直径的 3 倍。作受压钢筋使用时，光圆钢筋末端可不作弯钩。

2）光圆钢筋的弯弧内直径不应小于钢筋直径的 2.5 倍。

3）335MPa 级、400MPa 级带肋钢筋的弯弧内直径不应小于钢筋直径的 5 倍。

4）直径为 28mm 以下的 500MPa 级带肋钢筋的弯弧内直径不应小于钢筋直径的 6 倍，直径为 28mm 及以上的 500MPa 级带肋钢筋的弯弧内直径不应小于钢筋直径的 7 倍。

5）框架结构的顶层端节点，对梁上部纵向钢筋、柱外侧纵向钢筋在节点角部弯折处，当钢筋直径为 28mm 以下时，弯弧内直径不宜小于钢筋直径的 12 倍，钢筋直径为 28mm 及以上时，弯弧内直径不宜小于钢筋直径的 16 倍。

6）箍筋弯折处的弯弧内直径尚不应小于纵向受力钢筋直径。

（2）《混凝土结构工程施工质量验收规范》（GB 50204—2015）要求受力钢筋的弯钩和弯折应符合下列规定：

1）光圆钢筋末端应作 180°弯钩，其弯弧内直径不应小于钢筋直径的 2.5 倍，弯钩的弯后平直段长度不应小于钢筋直径的 3 倍。

2）当设计要求钢筋末端需作 135°弯钩时，HRB335 级、HRB400 级钢筋的弯弧内直径不应小于钢筋直径的 4 倍，弯钩的弯后平直部分长度应符合设计要求。

3）钢筋作不大于 90°的弯折时，弯折后平直段长度不应小于钢筋直径的 5 倍。

（3）《混凝土结构工程施工质量验收规范》（GB 50204—2015）规定：除焊接封闭环式箍筋外，箍筋的末端应作弯钩，弯钩形式应符合设计要求；当设计无具体要求时应符合下列规定：

1）箍筋弯钩的弯弧内直径除应满足本规范第 5.3.1 条的规定外，尚应不小于受力钢筋直径。

2）箍筋弯钩的弯折角度：对一般结构构件不应小于 90°；对有抗震等要求的结构构件应为 135°。

3）箍筋弯后平直部分长度：对一般结构不宜小于箍筋直径的 5 倍，对有抗震等要求的结构不应小于箍筋直的 10 倍。

2. 钢筋中部弯折处弯曲调整值（或量度差值）

钢筋弯折后，外边缘伸长，内边缘缩短，而中心线既不伸长也不缩短。但钢筋长度的度量方法是指外包尺寸，因此钢筋弯曲后，存在一个差值，称为弯曲调整值，也称为量度差值，计算下料长度时必须加以扣除。否则，势必形成下料太长，或浪费甚至返工。

钢筋弯曲量度差值列于表 4-1 中。

钢筋弯曲量度差值   表 4-1

钢筋弯曲角度	30°	45°	60°	90°	135°
钢筋弯曲量度差值	0.35d	0.5d	0.85d	2d	2.5d

注：中间部位弯折处的弯曲直径 D，不小于钢筋直径的 5 倍。

3. 钢筋末端弯钩增长值

（1）180°弯钩量度差值的计算

如图 4-2 所示，钢筋的直径为 d，弯曲直径为 D，《混凝土结构工程施工质量验收规

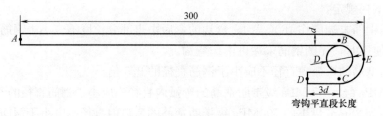

图 4-2　180°弯钩量度差值的计算

范》(GB 50204—2015) 规定 180°弯钩的弯曲直径不得小于 $2.5d$，在下面的推导中取 $D=2.5d$，以下同。

按照外皮计算钢筋的长度：$L1=AE$

水平段的长度＋CD 水平段长度＝300＋3d

按照中轴线计算钢筋的长度：$L2=AB$ 水平段长度＋BC 段弧长＋CD 段水平长度＝$(300-D/2-d)+[0.01745\times(D/2+d/2)\times180]+3d=300+6.25d$

弯曲调整值＝$L2-L1=3.25d$

注：一个弧度和角度的换算公式：$1rad=\pi\times r\times2/360$，即一度角对应的弧长是 $0.01745r$。以下同。

(2) 135°弯钩量度差值的计算

如图 4-3 所示，钢筋的直径为 d，弯曲直径为 D

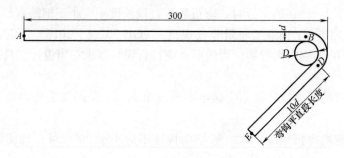

图 4-3　135°弯钩量度差值的计算

按照外皮计算钢筋的长度：$L1=300+10d$

按照中轴线计算钢筋的长度：$L2=AB$ 水平段长度＋BD 段弧长＋DE 段长度＝$(300-D/2-d)+[0.01745\times(D/2+d/2)\times135]+10d=300+10d+1.9d$

弯曲调整值＝$L2-L1=1.9d$

(3) 90°弯钩量度差值的计算

如图 4-4 所示，钢筋的直径为 d，弯曲直径为 D

按照外皮计算钢筋的长度：$L1=300+100$

按照中轴线计算钢筋的长度：$L2=AB$ 水平段长度＋BC 段弧长＋CD 段竖直长度＝$(300-D/2-d)+[0.01745\times(D/2+d/2)\times90]+(100-D/2-d)=300+100-1.75d$

弯曲调整值＝$L1-L2=1.75d$（一般取 $2d$）

下面给出末端弯钩增长值常用公式供读者参考，具体推导可参考相应书籍。

180°的公式是 $n°/180°\times\pi(D+d)/2-(D/2+d)+$ 平直长度($3d$)＝$6.25d$

135°的公式是 $n°/180°\times\pi(D+d)/2-(D/2+d)+$ 平直长度($3d$)＝$4.87d$(取$4.9d$)

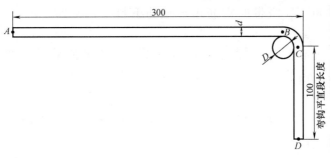

图 4-4　90°弯钩量度差值的计算

90°的公式是 $n°/180°×π(D+d)/2-(D/2+d)+$平直长度$(3d)=3.5d$

式中，n 为弯折角度，$π$ 为圆周率，一般取 $π=3.14$ 即可；d 为钢筋直径；D 为弯曲直径，本推导过程中取 $D=2.5d$。（注：影响弯钩增加值、弯曲调整值大小的钢筋弯曲直径 D 取值取决于结构设计规范、标准图集、施工验收规范、加工工艺标准、构造要求、加工机械等多方面的因素，读者在实际计算中要综合考虑）

对于一般结构和有抗震要求的结构平直段长度按照规范要求选取。即 180°弯钩：一般结构为 $8.25d$；有抗震要求结构为 $13.25d$。135°弯钩：一般结构为 $6.9d$；有抗震要求结构为 $11.9d$。90°弯钩：一般结构为 $5.5d$；有抗震要求结构为 $10.5d$。

值得注意的是，以上各弯钩（弯折）增长值的计算规定中，均已包含弯钩本身的量度差值，按上述规则计算钢筋下料长度时，末端弯钩不必再考虑弯折量度差值。

4. 箍筋下料计算

（1）HPB235 级、HPB300 级钢筋矩形箍筋下料计算简图，如图 4-5 所示。

HPB235 级、HPB300 级钢筋矩形箍筋下料公式$=2b+2h-8c+2max(10d, 75mm)-1.5d$

式中 c 为混凝土保护层厚度，以下同。

（2）335MPa 级、400MPa 级带肋钢筋矩形箍筋下料计算简图，如图 4-6 所示。

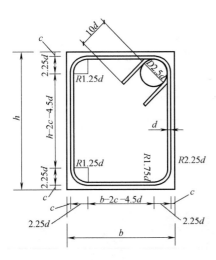

图 4-5　HPB235 级、HPB300 级
钢筋矩形箍筋下料计算简图

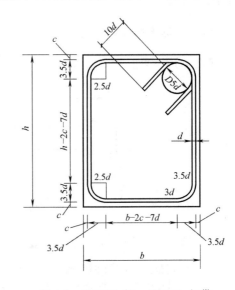

图 4-6　335MPa 级、400MPa 级带
肋钢筋矩形箍筋下料计算简图

335MPa级 400MPa 级带肋钢筋矩形箍筋下料公式＝$2b+2h-8c+2\max$（$10d$；75mm）＋$0.3d$

（3）500MPa 级带肋钢筋（直径小于 28mm）矩形箍筋下料计算简图，如图 4-7 所示。

500MPa 级带肋钢筋（直径小于 28mm）矩形箍筋下料公式＝$2b+2h-8c+2\max$（$10d$；75mm）＋d

（4）500MPa 级带肋钢筋（直径大于等于 28mm）矩形箍筋下料计算简图，如图 4-8 所示。

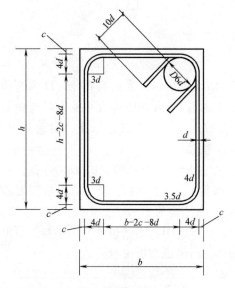

图 4-7　500MPa 级带肋钢筋（直径小于 28mm）矩形箍筋下料计算简图

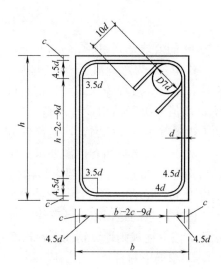

图 4-8　500MPa 级带肋钢筋（直径大于等于 28mm）矩形箍筋下料计算简图

500MPa 级带肋钢筋（直径大于等于 28mm）矩形箍筋下料公式＝$2b+2h-8c+2\max$（$10d$；75mm）＋$1.7d$

六、钢筋下料计算实例

【例 4-1】　参照图 4-9，计算 KL1 中各种钢筋的下料长度。

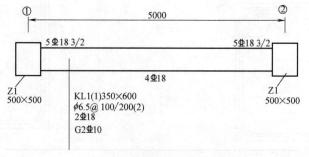

图 4-9　计算例图

注：1. 请根据 11G101 图集施工。
　　2. 楼层框架梁抗震等级为 2 级。
　　3. 混凝土强度等级为 C35。
　　4. 保护层厚度为 25mm。

解析：读者可以运用上述计算方法和公式计算本例图中钢筋的下料长度。

计算过程如下：

（1）绘出各类钢筋简图（表4-2）。

钢筋简图   表4-2

序号	构件名称	钢筋名称	钢筋简图	级别	直径(mm)
1	KL1	上部通长筋	270 ⎾5450⏌ 270	Ⅲ	18
2		左支座上部筋	270 ⎾1975	Ⅲ	18
3		左支座下部筋	270 ⎾1600	Ⅲ	18
4		右支座上部筋	1975⏌ 270	Ⅲ	18
5		右支座下部筋	1600⏌ 270	Ⅲ	18
6		下部通长筋	270 ⎿5450⏌ 270	Ⅲ	18
7		侧面构造筋	4800	Ⅲ	10
8		箍筋	550×300	Ⅰ	6.5
9		拉筋	300	Ⅰ	6.5

（2）下料长度计算

按照上述方法，①号钢筋下料长度＝5450＋15d－2×2d＝5918mm

其他钢筋下料长度计算方法与此类似。计算结果见表4-3。

计算结果   表4-3

序号	构件名称	钢筋名称	钢筋简图	级别	直径(mm)	下料长度(mm)(考虑弯曲调整值)	合计根数	质量(kg)	备注
1	KL1	上部通长筋	270 ⎾5450⏌ 270	Ⅲ	18	5918	2	23.67	
2		左支座上部筋	270 ⎾1975	Ⅲ	18	2209	1	4.42	
3		左支座下部筋	270 ⎾1600	Ⅲ	18	1834	2	7.34	
4		右支座上部筋	1975⏌ 270	Ⅲ	18	2209	1	4.42	
5		右支座下部筋	1600⏌ 270	Ⅲ	18	1834	2	7.34	
6		下部通长筋	270 ⎿5450⏌ 270	Ⅲ	18	5918	4	47.34	
7		侧面构造筋	4800	Ⅲ	10	4800	2	5.92	
8		箍筋	550×300	Ⅰ	6.5	1820	32	15.20	
9		拉筋	300	Ⅰ	6.5	475	11	1.36	
合计								117.01	

本节仅列举一个钢筋下料计算的简单例子供学员了解计算的规则、过程等，钢筋下料计算理论较为复杂，涉及标准、图集、规范的构造要求和其他相关知识较多，限于教材篇

幅，不能全面展开论述，读者可参阅有关钢筋翻样的专门书籍。

七、钢筋配料单

1. 钢筋配料单的概念和作用

（1）钢筋配料单的概念。

钢筋配料表是根据构件配筋图中钢筋的品种、规格及外形尺寸、数量计算构件各钢筋的直线下料长度、总根数及钢筋总质量，然后编制钢筋配料单。

（2）钢筋配料单的作用。

钢筋配料单的作用有以下几个方面：

1）钢筋配料单是钢筋加工依据；

2）钢筋配料单是提出材料计划，签发任务单和限额领料单的依据；

3）钢筋配料单是钢筋施工的重要工序。合理的配料单，能节约材料，简化施工操作。

2. 钢筋配料单编制步骤

（1）熟悉图纸，识读构件配筋图，弄清每一编号钢筋的直径、规格、种类、形状和数量，以及在构件中的位置和相互关系。

（2）绘制钢筋简图。

（3）计算每种规格钢筋的下料长度。

（4）填写钢筋配料单。在配料单中，要反映出工程名称，钢筋编号，钢筋直径、数量、钢筋简图和尺寸，下料长度等。

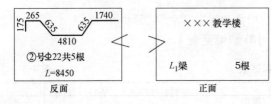

图 4-10 钢筋料牌

（5）填写钢筋料牌。依据钢筋配料单，将每一编号的钢筋分别制作一块料牌，作为钢筋加工的依据，如图 4-10 所示。

3. 钢筋配料单编制实例

计算完各类钢筋下料长度后，应编制钢筋配料单，见表 4-4。

钢筋配料单   表 4-4

序号	构件名称	钢筋名称	钢筋简图	级别	直径(mm)	下料长度(mm)(考虑弯曲调整值)	合计根数	质量(kg)	备注
1		上部通长筋	270 ⌐‾‾‾‾⌐ 270 5450	Ⅲ	18	5918	2	23.67	
2		左支座上部筋	270 ⌐‾‾‾ 1975	Ⅲ	18	2209	1	4.42	
3		左支座下部筋	270 ⌐‾‾‾ 1600	Ⅲ	18	1834	2	7.34	
4		右支座上部筋	270 ‾‾‾⌐ 1975	Ⅲ	18	2209	1	4.42	
5	KL1	右支座下部筋	270 ‾‾‾⌐ 1600	Ⅲ	18	1834	2	7.34	
6		下部通长筋	270 ⌐‾‾‾‾⌐ 270 5450	Ⅲ	18	5918	4	47.34	
7		侧面构造筋	‾‾‾‾ 4800	Ⅲ	10	4800	2	5.92	
8		箍筋	▢ 550×300	Ⅰ	6.5	1820	32	15.20	
9		拉筋	◁▷ 300	Ⅰ	6.5	475	11	1.36	
合计								117.01	

钢筋配料时的注意事项：

（1）在设计图纸中，钢筋配置的细节未注明时，一般可按构造要求处理。

（2）钢筋配料计算，除钢筋的形状和尺寸满足图纸要求外，还应考虑有利于钢筋的加工运输和安装。

（3）在满足要求前提下，尽可能利用库存规格材料、短料等，以节约钢材。在使用搭接焊和绑扎接头时，下料长度计算应考虑搭接长度。

（4）配料时，除图纸注明钢筋类型外，还要考虑施工需要的附加钢筋，如基础底板的双层钢筋网中，为保证上层钢筋网位置用的钢筋撑脚，墙板双层钢筋网中固定钢筋间距用的撑铁，梁中双排纵向受力钢筋为保持其间距用的垫铁等。

第五章 钢筋加工

第一节 钢筋加工方法

钢筋一般在钢筋车间加工，然后运至现场绑扎或安装。其加工过程一般有冷拉、冷拔、调直、切断、除锈、弯曲成型、绑扎、焊接等。钢筋加工过程如图 5-1 所示。

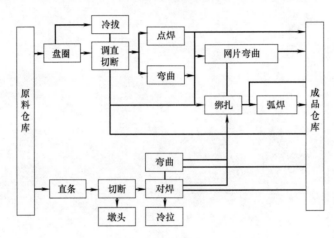

图 5-1 钢筋加工过程

钢筋加工应符合以下要求：

（1）钢筋加工前应将表面清理干净。表面有颗粒状、片状老锈或有损伤的钢筋不得使用。

（2）钢筋加工宜在常温状态下进行，加工过程中不应加热钢筋。钢筋弯折应一次完成，不得反复弯折。

（3）钢筋宜采用机械设备进行调直，也可采用冷拉方法调直。当采用机械设备调直时，调直设备不应具有延伸功能。当采用冷拉方法调直时，HPB235、HPB300 级光圆钢筋的冷拉率不宜大于 4‰；HRB335、HRB400、HRB500、HRBF335、HRBF400、HRBF500 及 RRB400 级带肋钢筋的冷拉率不宜大于 1‰。钢筋调直过程中不应损伤带肋钢筋的横肋。调直后的钢筋应平直，不应有局部弯折。

（4）受力钢筋的弯折应符合下列规定：

1）光圆钢筋末端作 180°弯钩时，弯钩的弯后平直部分长度不应小于钢筋直径的 3 倍；

2）光圆钢筋的弯弧内直径不应小于钢筋直径的 2.5 倍；

3）335MPa 级、400MPa 级带肋钢筋的弯弧内直径不应小于钢筋直径的 5 倍；

4）直径为 28mm 以下的 500MPa 级带肋钢筋的弯弧内直径不应小于钢筋直径的 6 倍；

直径为 28mm 及以上的 500MPa 级带肋钢筋的弯弧内直径不应小于钢筋直径的 7 倍；

5）框架结构的顶层端节点，对梁上部纵向钢筋、柱外侧纵向钢筋在节点角部弯折处，当钢筋直径为 28mm 以下时，弯弧内直径不宜小于钢筋直径的 12 倍；钢筋直径为 28mm 及以上时，弯弧内直径不宜小于钢筋直径的 16 倍；

6）箍筋弯折处的弯弧内直径尚不应小于纵向受力钢筋直径。

（5）除焊接封闭箍筋外，箍筋、拉筋的末端应按设计要求作弯钩。当设计无具体要求时，应符合下列规定：

1）箍筋、拉筋弯钩的弯弧内直径应符合规范的规定；

2）对一般结构构件，箍筋弯钩的弯折角度不应小于 90°，弯折后平直部分长度不应小于箍筋直径的 5 倍；对有抗震设防及设计有专门要求的结构构件，箍筋弯钩的弯折角度不应小于 135°，弯折后平直部分长度不应小于箍筋直径的 10 倍和 75mm 的较大值；

3）箍筋的搭接长度不应小于钢筋的锚固长度，两末端均应作 135°弯钩，弯折后平直部分长度对一般结构构件不应小于箍筋直径的 5 倍，对有抗震设防要求的结构构件不应小于箍筋直径的 10 倍；

4）用作箍筋的拉筋，其两端弯钩应符合本条第 2）款的有关规定；其他拉筋的两端弯钩可采用一端 135°另一端 90°，弯折后平直部分长度不应小于拉筋直径的 5 倍。

（6）焊接封闭箍筋宜采用闪光对焊，也可采用气压焊或单面搭接焊，并宜采用专用设备进行焊接。焊接封闭箍筋下料长度和端头加工应按焊接工艺确定。多边形焊接封闭箍筋的焊点设置应符合下列规定：

1）每个箍筋的焊点数量应为 1 个，焊点宜位于多边形箍筋中的某边中部，且距箍筋弯折处的位置不宜小于 100mm；

2）矩形柱箍筋焊点宜设在柱短边，等边多边形柱箍筋焊点可设在任一边，不等边多边形柱箍筋应加工成焊点位于不同边上的两种类型；

3）梁箍筋焊点应设置在顶边或底边。

第二节　钢筋冷加工工艺

将钢筋在常温下进行冷加工，如冷拉、冷拔或冷轧，使之产生塑性变形，从而提高屈服强度，这个过程称为冷加工强化处理。经强化处理后钢筋的塑性和韧性降低。由于塑性变形中产生内应力，故钢筋的弹性模量降低。

建筑工地或预制构件厂常利用该原理对钢筋或低碳钢盘条按一定制度进行冷拉或冷拔加工，以提高屈服强度，节约钢材。

一、钢筋冷拉

钢筋冷拉是在常温下，以超过钢筋屈服强度的拉应力拉伸钢筋，使钢筋产生塑性变形，以提高强度，节约钢材。冷拉时，钢筋被拉直，表面锈渣自动剥落，因此冷拉不但可以提高强度，而且还可以同时完成调直、除锈工作。冷拉 HPB235 级钢筋适用于钢筋混凝土结构的受拉钢筋，冷拉 HRB335、HRB400、RRB400 级钢筋可用作预应力混凝土结构的预应力钢筋。

1. 冷拉原理

钢筋冷拉原理如图 5-2 所示，图中 *abcd* 为钢筋的拉伸特性曲线。冷拉时，拉应力超过屈服点 *b* 到达 *c* 点，然后卸荷。由于钢筋已产生塑性变形，卸荷过程中应力应变沿 co_1

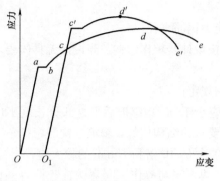

图 5-2 钢筋拉伸曲线

降至 o_1 点。如再立即重新拉伸，应力应变图将沿 o_1cde 变化，并在高于 *c* 点附近出现新的屈服点 *b*，这种现象称"变形硬化"。其原因是冷拉过程中，钢筋内部结晶面滑移，晶格变化，内部组织发生变化，因而屈服强度提高，塑性降低，弹性模量也降低。

钢筋冷拉后有内应力存在，内应力会促进钢筋内的晶体组织调整，经过调整，屈服点又进一步提高。该晶体组织调整过程称为"时效"。钢筋经冷拉和时效后的拉伸特性曲线即为 $o_1c'd'e'$。

该晶体组织调整过程在常温下需 15～20d（称自然时效），但在 100℃ 温度下只需 2h 即可完成，因而为了加快时效，可利用蒸汽、电热等手段进行人工时效。

2. 冷拉控制方法

钢筋的冷拉应力和冷拉率是影响钢筋冷拉质量的主要参数。因此，钢筋冷拉控制可用控制应力或控制冷拉率的方法。

（1）控制应力法

采用控制应力方法时，控制应力值见表 5-1。冷拉时应随时检查钢筋冷拉率，如果超过表 5-1 规定的数值时，则应进行力学性能试验。

钢筋冷拉控制应力及最大冷拉率　　　　　　　　表 5-1

项次	钢筋级别	钢筋直径(mm)	冷拉控制应力(N/mm²)	最大冷拉率(%)
1	HPB300	≤12	280	10.0
2	HRB335	≤25	450	5.5
		28～40	430	5.5
3	HRB400	8～40	500	5.0

冷拉多根钢筋时，冷拉率可按照总长计算，但冷拉后每根钢筋的冷拉率，应符合表 5-1 的规定。

（2）控制冷拉率法

采用控制冷拉率方法时，冷拉率控制值必须由试验确定。对同炉批钢筋测定的试件不宜少于 4 个，每个试件都按表 5-2 规定的冷拉应力值在万能试验机上测定相应的冷拉率，取其平均值作为该炉批钢筋的实际冷拉率。如钢筋平均冷拉率低于 1% 时，仍按 1% 进行冷拉。

3. 冷拉设备

钢筋冷拉工艺有两种：一种是采用卷扬机带动滑轮组作为冷拉动力的机械式冷拉工艺，如图 5-3 所示；另一种是采用长行程（1500mm 以上）的专用液压千斤顶和高压油泵的液压冷拉工艺。目前我国仍以前者为主，但后者更有发展前途。

测定冷拉率时钢筋的冷拉应力

表 5-2

项次	钢筋级别	钢筋直径(mm)	冷拉应力(N/mm²)
1	HPB300	≤12	310
2	HRB335	≤25 28～40	480 460
3	HRB400	8～40	530

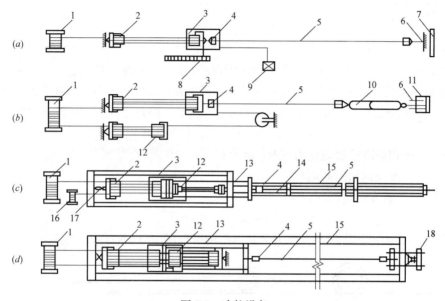

图 5-3　冷拉设备

1—卷扬机；2—滑轮组；3—冷拉小车；4—夹具；5—被冷拉的钢筋；6—地锚；7—防护壁
8—标尺；9—回程荷重架；10—连接杆；11—弹簧测力器；12—回程滑轮组；13—传力架；
14—钢压柱；15—槽式台座；16—回程卷扬机；17—电子秤；18—液压千斤顶

机械式冷拉工艺的冷拉设备，主要由拉力设备、承力结构、回程装置、测量设备和钢筋夹具组成。拉力设备为卷扬机和滑轮组，多用 3～5t 的慢速卷扬机，通过滑轮组增大牵引力。设备的冷拉能力要大于所需的最大拉力，所需的最大拉力等于进行冷拉的最大直径钢筋截面积乘以冷拉控制应力，同时还要考虑滑轮与地面的摩擦阻力及回程装置的阻力。设备的冷拉能力按下式计算：

$$Q = \frac{10S}{K'} - F$$

$$K' = \frac{f^{n-1}(f-1)}{f^n - 1}$$

式中　Q——设备冷拉能力（kN）；

S——卷扬机吨位（t）；

F——设备阻力（kN），包括冷拉小车与地面的摩擦力和回程装置的阻力等，可实测确定；

K'——滑轮组的省力系数，见表5-3；

f——单个滑轮的阻力系数，对青铜轴套的滑轮，$f=1.04$；

n——滑轮组的工作线数。

滑轮组省力系数 K' 　　　　　表 5-3

滑轮门数	3		4		5	
工作线数 n	6	7	8	9	10	11
省力系数 K'	0.184	0.160	0.142	0.129	0.119	0.110
滑轮门数	6		7		8	
工作线数 n	12	13	14	15	16	17
省力系数 K'	0.103	0.096	0.091	0.087	0.082	0.080

承力结构可采用地锚，冷拉力大时宜采用钢筋混凝土冷拉槽，回程装置可用荷重架回程或卷扬机滑轮组回程。测力设备常用液压千斤顶或用装传感器和示力仪的电子秤。当电子秤或液压千斤顶设备在张拉端定滑轮处时，如图 5-4 所示，测力计负荷 P 可按下式计算：

$$P=(1-K')(\sigma_{con}A_s/1000+F)$$

式中　σ_{con}——钢筋冷拉控制应力（N/mm^2）；

　　　A_s——冷拉钢筋的截面积（mm^2）。

当测力计设置在固定端时：

$$P=\sigma_{con}A_s/1000-F'$$

式中　F'——由固定端连接器及测力装置产生的摩擦阻力（kN）。

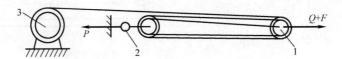

图 5-4　设备能力计算简图
1—滑轮组；2—电子秤传感器；3—卷扬机

4. 钢筋冷拉参数

（1）冷拉力（N_{con}），计算冷拉力的作用：一是确定按控制应力冷拉时的油压表读数；二是作为选择卷扬机的依据：

$$N_{con}=A_s \cdot \sigma_{con}$$

（2）冷拉伸长率（δ）：

$$\delta=\frac{L_1-L}{L}\times100\%=\frac{\Delta L}{L}\times100\%$$

式中　L——钢筋在冷拉前长度（m）；

　　　L_1——当冷拉力达到最大值时钢筋在拉紧状态下的长度（m）；

　　　$\triangle L$——冷拉伸长值（m）。

（3）钢筋弹性回缩率（δ_1）：

$$\delta_1=\frac{L_1-L_2}{L_1}\times100\%$$

式中　L_2——钢筋冷拉结束并放松后测得的长度（m）。

5. 冷拉操作要点及注意事项

钢筋冷拉操作的主要工序有：钢筋上盘→放圈→切断→夹紧夹具→冷拉→观察控制

值→停止冷拉→放松夹具→捆扎堆放→分批验收。

冷拉控制操作要点及注意事项如下：

（1）对钢筋的炉号、原材料进行质量检查，不同炉号的钢筋应分别进行冷拉，不得混合。

（2）钢筋冷拉前，应对测力器等进行检验和复核，并记录各项冷拉数据，以确保冷拉钢筋质量。

（3）先拉直钢筋（拉伸至10%冷拉控制应力），做好标记，量度其长度作为钢筋拉长值起点，然后再进行冷拉。

（4）冷拉钢筋时，冷拉速度不宜过快（一般以0.5~1m/min为宜），待拉到规定控制应力或冷拉率后，须静停1~2min，待钢筋变形充分发展后，再行放松钢筋，以免造成钢筋回缩值过大。

（5）钢筋在负温下进行冷拉时，其环境温度不得低于—20℃。当采用冷拉率控制法进行钢筋冷拉时，冷拉率的确定与常温条件相同，当采用应力控制法进行钢筋冷拉时，冷拉应力应较常温提高30N/mm^2。

（6）钢筋伸长的起点应以钢筋发生初应力时为准。若无仪表观测，可以观测到钢筋表面的浮锈或氧化铁皮开始剥落时开始计算。

（7）钢筋时效处理可采取自然时效，冷拉后宜常温下（15~20℃）放置一段时间（7~14d）后使用。

（8）钢筋冷拉后，应避免雨淋、水湿，使得钢筋发生生锈、变脆。

6. 冷拉质量控制和要求

钢筋经过冷拉后，表面不得有裂纹或局部发生颈缩的现象，并按照规范要求进行拉力试验和冷弯试验。冷弯后，钢筋不得有裂纹、起层等现象。其质量应符合表5-4的要求。

冷拉钢筋质量指标   表5-4

钢筋级别	直径(mm)	屈服强度（MPa）	抗拉强度（MPa）	伸长率 δ_{10}（%）	冷弯	
		不小于			弯曲角度	弯曲直径
HPB300	≤12	280	370	11	180°	3d
HRB335	≤25	450	510	10	90°	3d
	28~40	430	490	10	90°	4d
HRB400	8~5	500	570	8	90°	5d

二、钢筋冷拔

钢筋冷拔是将直径6mm~8mm的HPB300级光圆钢筋在常温下通过特制的钨合金拔丝模进行强力冷拔，多次拉拔成比原钢筋直径小的钢丝，使钢筋产生塑性变形。

冷拉是纯拉伸的线应力，而冷拔是拉伸和压缩兼有的立体应力。钢筋通过拔丝模（图5-5）时，受到拉伸

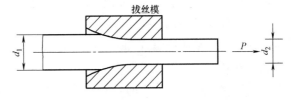

图5-5　在拔丝模中冷拔的钢筋

与压缩兼有的作用，使钢筋内部晶格变形而产生塑性变形，因而抗拉强度提高（可提高50%～90%），塑性降低，呈硬钢性质。光圆钢筋经冷拔后称"冷拔低碳钢丝"。冷拔低碳钢丝分为甲、乙两级，甲级钢丝主要用作预应力混凝土构件的预应力筋，乙级钢丝用于焊接网片和焊接骨架、架立筋、箍筋和构造钢筋。

1. 钢筋冷拔工艺

钢筋冷拔的工艺过程是：轧头→剥壳→通过润滑剂→进入拔丝模。如钢筋需连接，则应冷拔前用对焊连接。钢筋冷拔时，对钢号不明或无出厂证明书的钢筋应先取样试验。

钢筋表面常有一硬渣层，易损坏拔丝模，并使钢筋表面产生沟纹，因而冷拔前要进行剥除渣壳，方法是使钢筋通过3～6个上下排列的辊子以剥除渣壳。润滑剂常用石灰、动植物油、肥皂、白蜡和水按一定配比制成。

冷拔用的拔丝机有立式（如图5-6所示）和卧式两种。其鼓筒直径一般为500mm。冷拔速度为0.2～0.3m/s，速度过大易断丝。

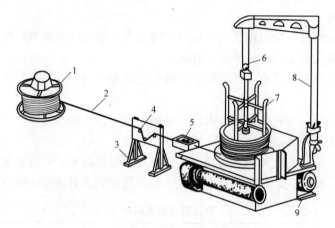

图 5-6　立式单鼓筒冷拔机

1—盘圆架；2—钢筋；3—剥壳装置；4—槽轮；5—拔丝模；
6—滑轮；7—绕丝筒；8—支架；9—电动机

2. 冷拔操作要点及注意事项

（1）钢筋冷拔前应对原材料进行必要的检验。

（2）钢筋冷拔前必须经过轧头和除锈处理。

（3）为方便钢筋穿过拔丝模，钢筋头要轧细一段（约150～250mm长），轧至直径比拔丝模孔小0.5～0.8mm，以便穿孔。

（4）冷拔前，应对设备进行常规检查和空载运行一次。安装拔丝模时，应分清正反面，并拧紧固定螺栓。

（5）抽拔时须涂润滑剂，以减少拔丝力和对模孔的磨损。

（6）拔线速度控制在50～70m/min为宜。钢筋连拔不宜超过3次，如需再拔，应消除钢筋内应力，采用低温（600～800℃）退火处理让钢筋变软。加热后取出埋入砂中，使其缓慢冷却，冷却速度应控制在150℃/h以内。

（7）拔丝的成品，应随时检查砂孔、沟痕、夹皮等质量缺陷，以便随时更换拔丝模或调整冷拔速度。

3. 冷拔质量控制和要求

影响冷拔低碳钢丝质量的主要因素，是原材料的质量和冷拔总压缩率。

为保证冷拔低碳钢丝的质量，要求原材料按钢厂、钢号、直径分别堆放和使用，其质量均应符合国家相应标准的规定。对主要用作预应力筋的甲级冷拔低碳钢丝，必须采用符合 HPB235 级钢筋标准的 Q235 钢圆盘条进行拔制。

冷拔总压缩率可按下式计算：

$$\beta = \frac{d_0{}^2 - d^2}{d_0^2} \times 100\%$$

式中 d_0——原材料钢筋直径（mm）；

d——成品钢丝直径。

总压缩率越大，则抗拉强度提高越多，而塑性降低也越多。总压缩率不宜过大，直径 5mm 的冷拔低碳钢丝宜用 8mm 的盘条拔制；直径 4mm 和 4mm 以下者，宜用 5mm 的圆盘条拔制。

冷拔低碳钢丝有时是经多次冷拔而成，不一定是一次冷拔就达到总压缩率。每次冷拔的压缩率不宜太大，否则拔丝机的功率大，拔丝模易损耗，且易断丝。一般前道钢丝和后道钢丝的直径之比以 1.15：1 为宜。如由 $\phi 8$ 拔成 $\phi 5$，冷拔过程为：$\phi 8 \rightarrow \phi 7 \rightarrow \phi 6.3 \rightarrow \phi 5.7 \rightarrow \phi 5$。冷拔次数亦不应过多，否则易使钢丝变脆。

冷拔低碳钢丝验收时，需要逐盘进行外观检查，钢丝表面不得有裂纹和机械损伤。外观检查合格后还需要按照规范要求进行拉力试验和反复弯曲试验等机械性能检验。其质量指标应符合表 5-5 的规定。

冷拔低碳钢丝的机械性能　　　　　　表 5-5

钢丝级别	直径(mm)	抗拉强度(MPa)		伸长率 δ_{10}（%）	反复弯曲(180°)次数
		Ⅰ组	Ⅱ组		
		不小于			
甲级	5	650	600	3	4
	4	700	650	2.5	
乙级	3～5	550		2	4

第三节　其他钢筋加工工艺

除冷加工外，钢筋加工还包括调直、除锈、切断、弯曲成形等。

一、钢筋调直

弯曲不直的钢筋在混凝土中不能与混凝土共同工作而导致混凝土出现裂缝，以至于产生不应有的破坏。如果用未经调直的钢筋来断料，断料钢筋的长度不可能准确，从而会影响到钢筋成形、绑扎安装等一系列工序的准确性。因此，钢筋调直是钢筋加工和不可缺少的工序。

钢筋调直有手工调直和机械调直两种。细钢筋可以采用捶直或扳直的方法，粗钢筋可采用调直机调直。钢筋的调直还可采用冷拉方法，当采用机械设备调直时，调直设备不应具有延伸功能。当采用冷拉方法调直时，HPB235、HPB300 光圆钢筋的冷拉率不宜大于4%；HRB335、HRB400、HRB500、HRBF335、HRBF400、HRBF500 及 RRB400 带肋钢筋的冷拉率不宜大于1%。钢筋调直过程中不应损伤带肋钢筋的横肋。调直后的钢筋应平直，不应有局部弯折。

手工平直这种较为传统的方法目前已运用不多，在此主要介绍机械调直的一般操作方法。

机械平直是通过钢筋调直机（一般也有切断钢筋的功能，因此通称钢筋调直切断机）实现的，这类设备适用于处理冷拔低碳钢丝和直径不大于 14mm 的细钢筋。

粗钢筋也可以应用机械平直。由于没有国家定型设备，故对于工作量很大的单位，可自制平直机械，一般制成机械锤形式，用平直锤锤压弯折部位。粗钢筋也可以利用卷扬机结合冷拉工序进行平直。根据 GB 50204—2002 中第 5.2.4 条条文说明："弯折钢筋不得调直后作为受力钢筋使用"，因此粗钢筋应注意在运输、加工、安装过程中的保护，弯折后经调直的粗钢筋只能作为非受力钢筋使用。

细钢筋用的钢筋调直机有多种型号，按所能调直切断的钢筋直径区分，常用的有三种：GT1.6/4、GT3/8、GT6/12。另有一种可调直直径更大的钢筋，型号为 GT10/16（型号标志中斜线两侧数字表示所能调直切断的钢筋直径大小上下限。一般称直径不大于 14mm 的钢筋为"细钢筋"）。

1. 调直机的主要技术性能

调直机的主要技术性能见表 5-6。

调直机的主要技术性能　　　　　　　　　　　表 5-6

性　　能		单位	型　　号		
名称		单位	GT1.6/4	GT3/8	GT6/12
调直切断钢筋直径		mm	1.6~4	3~8	6~12
钢筋抗拉强度		N/mm²	650	650	650
切断长度		mm	300~3000	300~6500	300~6500
牵引速度		m/min	40	40、65	36、54、72
调直筒转速		r/min	2900	2900	2800
电动机功率	调直	kW	3	7.5	7.5
	牵引	kW	1.5		4
	切断	kW		0.75	1.1
外形尺寸	长	mm	3410	1854	1770
	宽	mm	730	741	535
	高	mm	1375	1400	1457
整机重量		kg	1000	1280	1263

工地上常用的钢筋调直机一般是 GT3/8 型，它的外形如图 5-7 所示。

2. 钢筋调直机的操作要点

钢筋调直机的操作要点主要是：

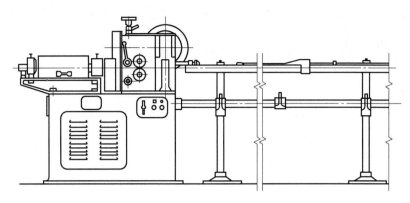

图 5-7　GT3/8 型钢筋调直机

（1）检查。

每天工作前要先检查电气系统及其元件有无毛病，各种连接零件是否牢固可靠，各传动部分是否灵活，确认正常后方可进行试运转。

（2）试运转。

首先从空载开始，确认运转可靠之后才可以进料、试验调直和切断。首先要将盘条的端头锤打平直，然后再将它从导向套推进机器内。

（3）试断筋。

为保证断料长度合适，应在机器开动后试断三四根钢筋作检查，以便出现偏差能得到及时纠正（调整限位开关或定尺板）。

（4）安全要求。

盘圆钢筋放入放圈架上要平稳，如有乱丝或钢筋脱架时，必须停车处理。操作人员不能离机械过远，以防发生故障时不能立即停车造成事故。

（5）安装承料架。

承料架槽中心线应对准导向套、调直筒和剪切孔槽中心线，并保持平直。

（6）安装切刀。

安装滑动刀台上的固定切刀，保证其位置正确。

（7）安装导向管。

在导向套前部，安装一根长度约为 1m 的导向钢管，需调直的钢筋应先穿入该钢管，然后穿过导向套和调直筒，以防止每盘钢筋接近调直完毕时其端头弹出伤人。

二、钢筋除锈

除锈工作应在调直后、弯曲前进行，并应尽量利用冷拉和调直工序进行除锈。钢筋除锈的方法有多种，常用的有人工除锈、钢筋除锈机除锈和酸洗法除锈。如钢筋经过冷拉或经调直，则在冷拉或调直过程中完成除锈工作；如未经冷拉的钢筋或冷拉、调直后保管不善而锈蚀的钢筋，可采用电动除锈机除锈，还可采用喷砂除锈、酸洗除锈或手工除锈（用钢丝刷、砂盘）。

1. 人工除锈

人工除锈的常用方法一般是用钢丝刷、砂盘、麻袋布等轻擦或将钢筋在砂堆上来回拉

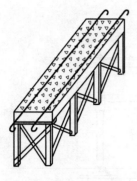

图 5-8 砂盘除锈示意图

动除锈。砂盘除锈示意图如图 5-8 所示。

2. 机械除锈

机械除锈有除锈机除锈和喷砂法除锈。

（1）除锈机除锈

对直径较细的盘条钢筋，通过冷拉和调直过程自动去锈；粗钢筋采用圆盘钢丝刷除锈机除锈。

钢筋除锈机有固定式和移动式两种，一般由钢筋加工单位自制，是由电动机带动圆盘钢丝刷高速旋转，来清刷钢筋上的铁锈。

固定式钢筋除锈机一般安装一个圆盘钢丝刷（图 5-9）。为提高效率，也可将两台除锈机组合，如图 5-10 所示。

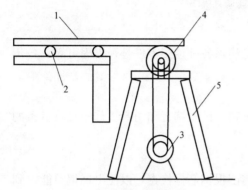

图 5-9　固定式钢筋除锈机

1—钢筋；2—滚道；3—电动机；

4—钢丝刷；5—机架

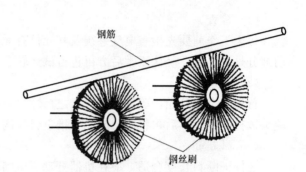

图 5-10　组合后的除锈机

（2）喷砂法除锈

主要是用空压机、储砂罐、喷砂管、喷头等设备，利用空压机产生的强大气流形成高压砂流除锈，适用于大量除锈工作，除锈效果好。

（3）酸洗法除锈

当钢筋需要进行冷拔加工时，用酸洗法除锈。酸洗除锈是将盘圆钢筋放入硫酸或盐酸溶液中，经化学反应除去铁锈；但在酸洗除锈前，通常先进行机械除锈，这样可以缩短 50％酸洗时间，节约 80％以上的酸液。酸洗除锈工序和技术参数见表 5-7。

酸洗除锈流程和技术参数　　　　　　　　　　　　　　　　表 5-7

工 序 名 称	时间(min)	设备及技术参数
机械除锈	5	倒盘机，ϕ6 台班产量约 5～6t
酸洗	20	1. 硫酸液浓度：循环酸洗法 15％左右； 2. 酸洗温度：50～70℃用蒸汽加热
清洗及上水锈	30	压力水冲洗 3～5min，清水淋洗 20～25min
沾石灰肥皂浆	5	1. 石灰肥皂浆配制：石灰水 100kg，动物油 15～20kg，肥皂粉 3～4kg，水 350～400kg； 2. 石灰肥皂浆温度，用蒸汽加热
干燥	120～240	阳光自然干燥

在除锈过程中，发现钢筋表面的氧化铁皮鳞落现象严重并损伤钢筋截面，或在除锈后钢筋表面有严重的麻坑、斑点伤蚀截面时，应降级使用或剔除不用。

三、钢筋切断

钢筋经调直、除锈完成后，即可按下料长度进行切断。钢筋应按下料长度下料，力求准确，允许偏差应符合有关规定。钢筋下料切断可用钢筋切断机（直径40mm以下的钢筋）及手动液压切断器（直径16mm以下的钢筋）。钢筋切断前，应有计划，根据工地的材料情况确定下料方案，确保钢筋的品种、规格、尺寸、外形符合设计要求。切断时，将同规格钢筋根据不同长度长短搭配、统筹排料；一般应先断长料，后断短料，减少短头，长料长用，短料短用，使下脚料的长度最短。切剩的短料可作为电焊接头的帮条或其他辅助短钢筋使用，力求减少钢筋的损耗。

1. 切断前的准备工作

钢筋切断前应做好以下准备工作，以求获得最佳的经济效果。

（1）复核：根据钢筋配料单，复核料牌上所标注的钢筋直径、尺寸、根数是否正确。

（2）下料方案：根据工地的库存钢筋情况做好下料方案，长短搭配，尽量减少损耗。

（3）量度准确：避免使用短尺量长料，防止产生累积误差。

（4）试切钢筋：调试好切断设备，试切1～2根，尺寸无误后再成批加工。

2. 切断方法

钢筋切断方法分为人工切断与机械切断。

（1）手工切断

1）断钢丝可用断线钳，形状如图5-11所示。

2）切断直径为16mm以下的HPB235级钢筋可用图5-12所示的手压切断器。这种切断器一般可自制，由固定刀口、活动刀及边夹板、把柄、底座等组成。

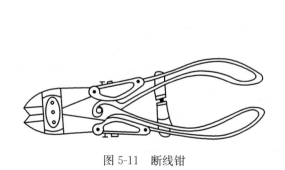

图 5-11　断线钳

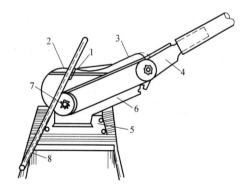

图 5-12　手压切断器
1—固定刀口；2—活动刀口；3—边夹板；4—把柄；
5—底座；6—固定板；7—轴；8—钢筋

3）切断直径不超过16mm的钢筋，可以应用SYJ-16型手动液压切断器（图5-13）。

4）一般工地上也常用称为剁子的切断器，如图5-14所示，使用剁子切断器时，将下剁插在铁砧的孔里，钢筋放在下剁槽内，上剁边紧贴下剁边，用锤打击上剁使钢筋切断。

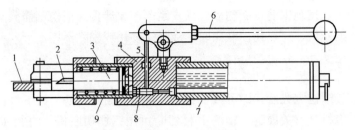

图 5-13　SYJ-16 型手动液压切断器

1—滑轨；2—刀片；3—活塞；4—缸体；5—柱塞；

6—压杆；7—贮油筒；8—吸油阀；9—回位弹簧

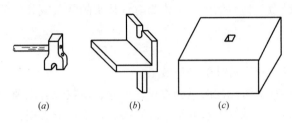

图 5-14　剐子切断器

(*a*) 上剐；(*b*) 下剐；(*c*) 铁砧

（2）机械切断

常用的钢筋切断机械有 GQ40，其他还有 GQ12、GQ20、GQ35、GQ25、GQ32、GQ50、GQ65 型，型号的数字表示可切断钢筋的最大公称直径。

1）表 5-8 列出常用钢筋切断机的主要技术性能。

GQ40 钢筋切断机每次切断钢筋根数见表 5-9。

常用钢筋切断机的主要技术性能　　　　　　　表 5-8

性　能		单位	型　号		
名称		单位	GQ40	GQ40A	GQ40L
可切断钢筋直径		mm	6～40	6～40	6～40
切断次数		次/min	40	40	38
电动机功率		kW	3	3	3
外形尺寸	长	mm	1150	1395	685
	宽	mm	430	556	575
	高	mm	750	780	984
整机重量		kg	600	720	650

GQ40 每次切断钢筋根数　　　　　　　表 5-9

钢筋直径(mm)	5.5～8	9～12	13～16	18～20	20 以上
可切断根数	12～8	6～4	3	2	1

2）钢筋切断注意事项：

① 检查。使用前应检查刀片安装是否牢固，润滑油是否充足，并应在开机空转正常以后再进行操作。

② 切断。钢筋应调直以后再切断，钢筋与刀口应垂直。

③ 安全。

断料时应握紧钢筋，待活动刀片后退时及时将钢筋送进刀口，不要在活动刀片已开始向前推进时，向刀口送料，以免断料不准，甚至发生机械及人身事故；长度在 30cm 以内的短料，不能直接用手送料切断；禁止切断超过切断机技术性能规定的钢材，以及超过刀片硬度或烧红的钢筋；切断钢筋后，刀口处的屑渣不能直接用手清除或用嘴吹，而应用毛刷刷干净。

四、钢筋弯曲成形

弯曲分为人工弯曲和机械弯曲两种。钢筋弯曲成形后允许偏差应符合现行国家标准《混凝土结构工程施工质量验收规范》（GB 50204—2015）的规定。

钢筋弯曲成形的顺序是：准备工作→画线→样件→弯曲成形。

1. 准备工作

钢筋弯曲成什么样的形状，各部分的尺寸是多少，主要依据钢筋配料单，这是最基本的操作依据。

（1）钢筋配料单的编制

钢筋配料单是钢筋加工的凭证和钢筋成形质量的保证，配料单内可包括钢筋规格、式样、根数以及下料长度等内容，主要按施工图上的钢筋材料表抄写，但是应特别注意：下料长度一栏必须由配料人员算好填写，不能照抄材料表上的长度。例如，表5-10是钢筋材料表，表中各号钢筋的长度是各分段长度累加起来的，配料单中钢筋长度则是操作需用的实际长度，要考虑弯曲调整值，计算成为下料长度。

×××钢筋配料单

表5-10

编号	式　样	规格	下料长度 （mm）	根数	总下料长度 （m）	重量 （kg）
1	2980	$\phi18$	2980	4	11.92	23.8
2	2400　600	$\phi16$	3170	5	15.85	25.0
3	500　1200　820　1200　580　500　4000　580	$\phi20$	8940	3	26.82	66.2

（2）料牌

用木板或纤维板制成，将每一编号钢筋的有关资料：工程名称、图号、钢筋编号、根数、规格、式样以及下料长度等注写于料牌的两面，以便随着工艺流程一道工序一道工序地传送，最后将加工好的钢筋系上料牌。

2. 画线

钢筋弯曲前，对形状复杂的钢筋（如弯起钢筋），根据钢筋料牌上标明的尺寸，在各弯曲点位置画线。在弯曲成形之前，除应熟悉待加工钢筋的规格、形状和各部尺寸，确定弯曲操作步骤及准备工具等之外，还需将钢筋的各段长度尺寸画在钢筋上。精确画线的方法是，大批量加工时，应根据钢筋的弯曲类型、弯曲角度、弯曲半径、扳距等因素，分别计算各段尺寸，再根据各段尺寸分段画线。这种画线方法比较繁琐。现场小批量的钢筋加工，常采用简便的画线方法：即在画钢筋的分段尺寸时，将不同角度的弯折量度差在弯曲操作方向相反的一侧长度内扣除，画上分段尺寸线，这条线称为弯曲点线。根据弯曲点线并按规定方向弯曲后得到的成形钢筋，基本与设计图要求的尺寸相符。现以梁中一根直径为 18mm 的弯起钢筋为例，说明弯曲点线的画线方法，如图 5-15 所示。

第一步，在钢筋的中心线上画第一道线；

第二步，取中段（3400mm）的 1/2 减去 $0.25d_0$，即在 $1700-4.5=1695$mm 处画第二道线；

第三步，取斜段（566mm）减去 $0.25d_0$，即在 $566-4.52=561$mm 处画第三道线；

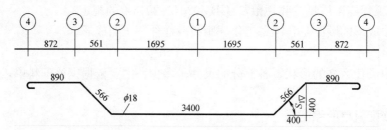

图 5-15　弯起钢筋计算例图

第四步，取直段（890mm）减去 d_0，即在 $890-18=872$mm 处画第四道线。

以上各线段即钢筋的弯曲点线，第一根钢筋成形后应与设计尺寸校对一遍，完全符合后再成批生产。弯曲角度须在工作台上放出大样。需说明的一点是，画线时所减去的值应根据钢筋直径和弯折角度具体确定，此处所取值仅为便于说明。

弯制形状比较简单或同一形状根数较多的钢筋，可以不画线，而在工作台上按各段尺寸要求，固定若干标志，按标准操作。此法工效较高。

3. 样件

弯曲钢筋画线后，即可试弯一根，以检查画线的结果是否符合设计要求。如不符合，应对弯曲顺序、画线、弯曲标志、扳距等进行调整，待调整合格后方可成批弯制。

4. 弯曲成形

（1）手工弯曲成形

1）工具和设备。

① 工作台。钢筋弯曲应在工作台上进行。工作台的宽度通常为 800mm，长度视钢筋种类而定，弯细钢筋时一般为 4000mm，弯粗钢筋时可为 8000mm，台高一般为 900～1000mm。

② 手摇扳。手摇扳的外形见图 5-16 所示。它由钢板底盘、扳柱、扳手组成，用来弯制直径在 12mm 以下的钢筋。操作前应将底盘固定在工作台上，其底盘表面应与工作台面平直。

图 5-16（a）所示是弯单根钢筋的手摇扳，图 5-16（b）所示是可以同时弯制多根钢筋的手摇扳。

③ 卡盘。卡盘是用来弯制粗钢筋的，它由钢板底盘和扳柱组成。扳柱焊在底盘上，底盘需固定在工作台上。图 5-17（a）

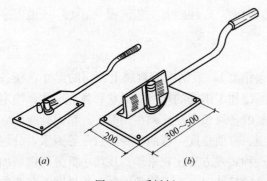

（a）　　　　　　　（b）

图 5-16　手摇扳

所示为四扳柱的卡盘，扳柱水平净距约为 100mm，垂直方向净距约为 34mm，可弯曲直径为 32mm 钢筋。图 5-17（b）所示为三扳柱的卡盘，扳柱的两斜边净距为 100mm 左右，底边净距约为 80mm。这种卡盘不需配钢套，扳柱的直径视所弯钢筋的粗细而定。一般直径为 20～25mm 的钢筋，可用厚 12mm 的钢板制作卡盘底板。

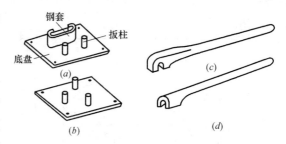

图 5-17　卡盘与钢筋扳子
(a) 四扳柱的卡盘；(b) 三扳柱的卡盘；
(c) 横口扳子；(d) 顺口扳子

④ 钢筋扳子。钢筋扳子是弯制钢筋的工具，它主要与卡盘配合使用，分为横口扳子和顺口扳子两种（图 5-17c、d）。横口扳子又有平头和弯头之分，弯头横口扳子仅在绑扎钢筋时作为纠正钢筋位置用。

钢筋扳子的扳口尺寸比弯制的钢筋直径大 2mm 较为合适。

弯曲钢筋时，应配有各种规格的扳子。

2）手工弯曲操作要点：

① 弯制钢筋时，扳子一定要托平，不能上下摆，以免弯出的钢筋产生翘曲。

② 操作电动机注意放正弯曲点，搭好扳手，注意扳距，以保证弯制后的钢筋形状、尺寸准确。起弯时用力要慢，防止扳手脱落。结束时要平稳，掌握好弯曲位置，防止弯过头或弯不到位。

③ 不允许在高空或脚手板上弯制粗钢筋，避免因弯制钢筋脱扳而造成坠落事故。

④ 在弯曲配筋密集的构件钢筋时，要严格控制钢筋各段尺寸及起弯角度，每种编号钢筋应试弯一个，安装合适后再成批生产。

（2）机械弯曲成型

1）常用的钢筋弯曲机。

常用的钢筋弯曲机可弯曲钢筋最大公称直径为 40mm，型号用 GW40 表示。其他还有 GW12、GW20、GW25、GW32、GW50、GW65 等，型号的数字表示可弯曲钢筋的最大公称直径。

表 5-11 列出几种常用钢筋弯曲机的主要技术性能。

常用钢筋弯曲机的主要技术性能　　　　　　　　　　　　　　表 5-11

性　能		型　号		
名称	单位	GW40	GW40A	GW50
可弯曲钢筋直径	mm	6～40	6～40	25～50
弯曲速度	r/min	5	9	2.5
电动机功率	kW	350	350	320
外形尺寸　长	mm	870	1050	1450
外形尺寸　宽	mm	760	760	800
外形尺寸　高	mm	710	828	760
整机重量	kg	400	450	580

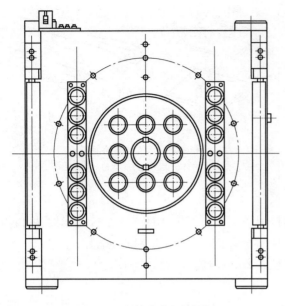

图 5-18　机械弯曲机俯视图

各种钢筋弯曲机可弯曲钢筋直径是按抗拉强度为 $450N/mm^2$ 的钢筋取值的，对于级别较高、直径较大的钢筋，如果用 GW40 型钢筋弯曲机不能胜任，就可采用 GW50 型来弯曲。

最普遍通用的 GW40 型钢筋弯曲机的俯视图如图 5-18 所示。

更换传动轮，可使工作盘得到三种转速，弯曲直径较大的钢筋必须使转速放慢，以免损坏设备。在不同转速的情况下，一次最多能弯曲的钢筋根数按其直径的大小应按弯曲机的说明书执行。弯曲机的操作过程如图 5-19 所示。

2）钢筋弯曲机操作要点：

① 对操作人员进行岗前培训和岗位教育，严格执行操作规程。

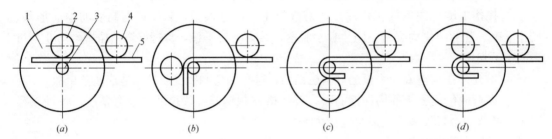

图 5-19　钢筋弯曲机的操作过程

1—工作盘；2—成形轴；3—心轴；4—挡铁轴；5—钢筋

② 操作前要对机械各部件进行全面检查以及试运转，并查点齿轮、轴套等设备是否齐全。

③ 要熟悉倒顺开关的使用方法以及所控制的工作盘旋转方向，使钢筋的放置与成形轴、挡铁轴的位置相应配合。

④ 使用钢筋弯曲机时，应先做试弯，以摸索规律。

⑤ 钢筋在弯曲机上进行弯曲时，其形成的圆弧弯曲直径是借助于心轴直径实现的，因此要根据钢筋粗细和所要求的圆弧弯曲直径大小随时更换轴套。

⑥ 为了适应钢筋直径和心轴直径的变化，应在成形轴上加一个偏心套，以调节心轴、钢筋和成形轴三者之间的间隙。

⑦ 严禁在机械运转过程中更换心轴、成形轴、挡铁轴，或进行清扫、注油。

⑧ 弯曲较长的钢筋应有专人帮助扶持，帮助人员应听从指挥，不得任意推送。

3）成品管理。

对钢筋加工工序而言，弯曲成形后的钢筋就算是"成品"。

① 成品质量。

弯曲成型后的钢筋质量必须通过加工操作人员自检；进入成品仓库的钢筋要由专职质量检查人员复检合格。钢筋弯折的质量按照《混凝土结构工程施工规范》（GB 50666—2011）的规定，应符合下列要求：

a. 光圆钢筋末端作180°弯钩时，弯钩的弯后平直部分长度不应小于钢筋直径的3倍；

b. 光圆钢筋的弯弧内直径不应小于钢筋直径的2.5倍；

c. 335MPa级、400MPa级带肋钢筋的弯弧内直径不应小于钢筋直径的5倍；

d. 直径为28mm以下的500MPa级带肋钢筋的弯弧内直径不应小于钢筋直径的6倍；直径为28mm及以上的500MPa级带肋钢筋的弯弧内直径不应小于钢筋直径的7倍；

e. 框架结构的顶层端节点，对梁上部纵向钢筋、柱外侧纵向钢筋在节点角部弯折处，当钢筋直径为28mm以下时，弯弧内直径不宜小于钢筋直径的12倍，钢筋直径为28mm及以上时，弯弧内直径不宜小于钢筋直径的16倍。

② 管理要点：

a. 弯曲成形好的钢筋必须轻抬轻放，避免产生变形；经过验收检查合格后，成品应按编号拴上料牌，并应特别注意缩尺钢筋的料牌勿使遗漏。

b. 清点某一编号钢筋成品无误后，在指定的堆放地点，要按编号分隔整齐堆放，并标识所属工程名称。

c. 钢筋成品应堆放在库房里，库房应防雨防水，地面保持干燥，并做好支垫。

d. 与安装班组联系好，按工程名称、部位及钢筋编号、需用顺序堆放，防止先用的被压在下面，使用时因翻垛而造成钢筋变形。

第六章 钢筋连接与安装

第一节 钢筋绑扎连接

一、钢筋现场绑扎准备

钢筋混凝土工程的施工顺序，一般先支模板，后绑扎钢筋，最后浇捣混凝土。这三道工序有时会交叉进行。为了保证施工进度和钢筋绑扎安装质量，必须熟悉施工图纸，研究绑扎安装顺序，确定绑扎安装方法，准备好绑扎安装工具，做好劳动力的组织安排等工作。绑扎前的准备工作如下：

1. 熟悉图纸

结构施工图中的平面布置图和构件配筋图是钢筋绑扎安装的依据，在绑扎安装前必须看懂，要明确各种构件的安装位置、相互关系和施工顺序。如发现图中有误或不合理的地方，应及时通知技术部门负责人，会同设计人员研究解决，以免施工中造成返工。

2. 核对钢筋配料单和配料牌

对已加工好的钢筋，应按照配料单和配料牌核对构件编号、钢筋规格、直径、形状、尺寸、数量等是否与配料单、料牌相符。如有错漏，应及时纠正或增补，以免绑扎安装时措手不及，影响施工进度。

3. 做好机具、材料准备

根据劳动人数，准备必要数量的扳手、扎丝钩、撬杠、画线尺、扎丝、绑扎架等操作工具，以及钢筋运输车、固定支架、水泥砂浆垫块等，并研究钢筋安装和有关工种的配合顺序。

4. 确定施工方法和程序

根据工程结构特征、规模和现场条件，确定施工方法和程序，是全部采用现场绑扎，还是一部分在地面绑扎成网架，再利用起重工具吊起安装，是全面铺开，还是分段绑扎，哪些部位先绑扎，哪些部位后绑扎，均应事前确定，避免施工时造成混乱。

5. 劳动组织与工种配合

根据进度计划要求，合理安排劳力。还应与有关工种，如木工、混凝土工、电工、管工等密切配合，以避免绑扎完后穿管、断筋、改筋等不必要的返工现象。

二、绑扎施工工艺要点

钢筋绑扎连接是利用钢筋与混凝土之间的粘结锚固作用，达到两根锚固钢筋的能够传递应力。为确保钢筋之间的应力能够充分传递，必须满足施工规范规定的最小搭接长度要求，且接头位置应设置在受力较小处。

1. 绑扎施工工艺要点

（1）钢筋搭接处，应在中心和两端用镀锌钢丝绑扎牢固，如图 6-1 所示。

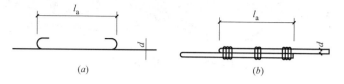

图 6-1　钢筋绑扎接头

（a）光圆钢筋；（b）带肋钢筋

（2）钢筋交叉处都应采用镀锌钢丝绑扎牢固。

（3）焊接骨架和焊接网采用绑扎连接时，应符合以下规定：

1）焊接骨架和焊接网的搭接接头，不宜设置在构件的最大弯矩处。

2）焊接网在非受力方向的搭接长度，不宜小于 100mm。

3）受拉焊接架和焊接网在受力钢筋方向的搭接长度应符合设计规定；受压焊接架和焊接网在受力钢筋方向的搭接长度，可以采取受拉焊接架和焊接网在受力钢筋方向的搭接长度的 0.7 倍。

4）在绑扎骨架中，非焊接的搭接接头长度范围内，当搭接钢筋为受拉时，其箍筋间距不应大于 $5d$，且不应大于 100mm。当搭接钢筋为受压时，其箍筋间距不应大于 $10d$，且不应大于 200mm（d 为受力钢筋中的最小直径）。

5）钢筋绑扎可采用 20～22 号的镀锌钢丝，其中 22 号镀锌钢丝只用于绑扎直径 12mm 以下的钢筋。

6）控制混凝土保护层应采用水泥砂浆垫块或塑料卡。水泥砂浆垫块的厚度应等于保护层厚度。垫块的平面尺寸：当保护层厚度≤20mm 时，一般为 30mm×30mm；当保护层厚度＞20mm 时，一般为 50mm×50mm。当在垂直方向使用垫块时，可在垫块中埋入 20 号镀锌钢丝。塑料卡的形状一般分塑料垫块和塑料环圈两种，如图 6-2 所示。塑料垫块一般用于水平构件，如梁、板等构件。塑料环圈一般用于垂直构件，如柱、墙等，在使用时，钢筋从卡嘴进入卡腔，由于塑料环圈具有一定弹性，可使得卡腔的大小能适应钢筋直径的变化。

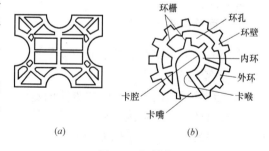

图 6-2　塑料卡

（a）塑料垫块；（b）塑料环圈

2. 绑扎方法

（1）一面扣法。

一面扣法的操作方法是将镀锌钢丝对折成 180°，理顺叠齐，放在左手手掌内，绑扎时，左手拇指将一根钢丝推出，食指配合将弯折一端伸入绑扎点钢筋底部，右手用绑扎钩子的钩尖勾起镀锌钢丝弯折处向上拉至钢筋上部，与左手所执的镀锌钢丝开口端紧靠，两者拧紧在一起，拧转 2～3 圈，如图 6-3 所示。将镀锌钢丝向上拉时，镀锌钢丝要紧靠钢筋底部，将底面钢筋绷紧在一起，方可绑扎牢固。一面扣法多用于平面上扣较多的地方，如楼板等不易滑动的部位。

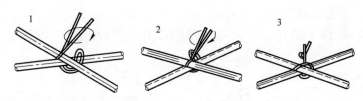

图 6-3　一面扣法示意图

（2）其他钢筋绑扎方法。

钢筋绑扎的其他方法还有十字花扣、缠扣、反十字花扣、兜扣加缠、套扣等，这类方法主要根据绑扎部位进行合理选择。十字花扣、兜扣加缠适用于平板钢筋网和箍筋绑扎；缠扣多用于墙钢筋网和柱子箍筋绑扎；反十字花扣、兜扣加缠适用于梁骨架的箍筋和主筋绑扎；套扣适用于梁的架立钢筋和箍筋的绑扎。

第二节　钢筋焊接连接

一、影响钢筋焊接效果的因素

1. 钢材的可焊性

钢筋的焊接效果与钢材的可焊性有关。在相同的焊接工艺条件下，能获得良好焊接质量的钢材，称之为在这种工艺条件下的可焊性好，相反，则称在这种工艺条件下可焊性差。钢筋的可焊性与其含碳量及合金元素的含量有关，含碳量增加，则可焊性降低；含锰量增加也影响焊接效果。含适量的钛，可改善焊接性能。

2. 焊接工艺

钢筋的焊接效果，还与焊接工艺有关。即使可焊性差的钢材，若能掌握适宜的焊接工艺，也可获得良好的焊接质量。因此，改善焊接工艺是提高焊接质量的有效措施。

二、钢筋焊接一般规定

本部分按照《钢筋焊接及验收规程》（JGJ 18—2012）实施。

1. 一般规定

（1）钢筋焊接时，各种焊接方法的适用范围见表 6-1。

（2）电渣压力焊适用于柱、墙等构筑物现浇混凝土结构中竖向受力钢筋的连接，不得用于梁、板等构件中水平钢筋的连接。

钢筋焊接方法的适用范围　　　　　　　　　　　　　　　　　　表 6-1

焊接方法	接头型式	适用范围	
		钢筋牌号	钢筋直径（mm）
电阻点焊		HPB300	6～16
		HRB335　HRBF335	6～16
		HRB400　HRBF400	6～16
		HRB500　HRBF500	6～16
		CRB550	4～12
		CDW550	3～8

焊接方法		接头型式	适用范围	
			钢筋牌号	钢筋直径(mm)
闪光对焊			HPB300	8～22
			HRB335　HRBF335	8～40
			HRB400　HRBF400	8～40
			HRB500　HRBF500	8～40
			RRB400W	8～32
箍筋闪光对焊			HPB300	6～18
			HRB335　HRBF335	6～18
			HRB400　HRBF400	6～18
			HRB500　HRBF500	6～18
			RRB400W	8～18
电弧焊	帮条焊	双面焊	HPB300	10～22
			HRB335　HRBF335	10～40
			HRB400　HRBF400	10～40
			HRB500　HRBF500	10～32
			RRB400W	10～25
		单面焊	HPB300	10～22
			HRB335　HRBF335	10～40
			HRB400　HRBF400	10～40
			HRB500　HRBF500	10～32
			RRB400W	10～25
	搭接焊	双面焊	HPB300	10～22
			HRB335　HRBF335	10～40
			HRB400　HRBF400	10～40
			HRB500　HRBF500	10～32
			RRB400W	10～25
		单面焊	HPB300	10～22
			HRB335　HRBF335	10～40
			HRB400　HRBF400	10～40
			HRB500　HRBF500	10～32
			RRB400W	10～25
	熔槽帮条焊		HPB300	20～22
			HRB335　HRBF335	20～40
			HRB400　HRBF400	20～40
			HRB500　HRBF500	20～32
			RRB400W	20～25
电弧焊	坡口焊	平焊	HPB300	18～22
			HRB335　HRBF335	18～40
			HRB400　HRBF400	18～40
			HRB500　HRBF500	18～32
			RRB400W	18～25
		立焊	HPB300	18～22
			HRB335　HRBF335	18～40
			HRB400　HRBF400	18～40
			HRB500　HRBF500	18～32
			RRB400W	18～25

续表

焊接方法	接头型式		适用范围	
			钢筋牌号	钢筋直径(mm)
电弧焊	钢筋与钢板搭接焊		HPB300	8～22
			HRB335　HRBF335	8～40
			HRB400　HRBF400	8～40
			HRB500　HRBF500	8～32
			RRB400W	8～25
	窄间隙焊		HPB300	16～22
			HRB335　HRBF335	16～40
			HRB400　HRBF400	16～40
			HRB500　HRBF500	18～32
			RRB400W	18～25
	预埋件钢筋	角焊	HPB300	6～22
			HRB335　HRBF335	6～25
			HRB400　HRBF400	6～25
			HRB500　HRBF500	10～20
			RRB400W	10～20
		穿孔塞焊	HPB300	20～22
			HRB335　HRBF335	20～32
			HRB400　HRBF400	20～32
			HRB500	20～28
			RRB400W	20～28
		埋弧压力焊 埋弧螺柱焊	HPB300	6～22
			HRB335　HRBF335	6～28
			HRB400　HRBF400	6～28
电渣压力焊			HPB300	12～22
			HRB335	12～32
			HRB400	12～32
			HRB500	12～32
气压焊	固态		HPB300	12～22
			HRB335	12～40
	熔态		HRB400	12～40
			HRB500	12～32

注：1. 电阻点焊时，适用范围的钢筋直径指两根不同直径钢筋交叉叠接中较小钢筋的直径；
　2. 电弧焊含焊条电弧焊和二氧化碳气体保护电弧焊两种工艺方法；
　3. 在生产中，对于有较高要求的抗震结构用钢筋，在牌号后加"E"，焊接工艺可按同级别热轧钢筋施焊；焊条应采用低氢型碱性焊条；
　4. 生产中，如果有 HPB235 钢筋需要进行焊接时，可按 HPB300 钢筋的焊接材料和焊接工艺参数，以及接头质量检验与验收的有关规定施焊。

（3）在钢筋工程焊接开工之前，参与该项施焊的焊工必须进行现场条件下的焊接工艺试验，应经检验合格后，方准予焊接生产。

（4）钢筋焊接施工之前，应清除钢筋、钢板焊接部位以及钢筋与电极接触处表面上的

80

锈斑、油污、杂物等；钢筋端部如有弯折、扭曲时，应予以矫直或切除。

（5）带肋钢筋进行闪光对焊、电弧焊、电渣压力焊和气压焊时，应将纵肋对纵肋安放和焊接。

（6）焊剂应存放在干燥的库房内，若受潮时，在使用前应经 $250\sim350℃$ 烘焙 2h。使用中回收的焊剂应清除熔渣和杂物，并应与新焊剂混合均匀后使用。

（7）两根同牌号、不同直径的钢筋可进行闪光对焊、电渣压力焊或气压焊，闪光对焊时钢筋直径差不得超过 4mm，电渣压力焊或气压焊时，钢筋直径差不得超过 7mm。焊接工艺参数可在大、小直径钢筋焊接工艺参数之间偏大选用，两根钢筋的轴线应在同一直线上，轴线偏移的允许值应按较小直径钢筋计算；对接头强度的要求，应按较小直径钢筋计算。

（8）两根同直径、不同牌号的钢筋可进行闪光对焊、电弧焊、电渣压力焊或气压焊，其钢筋牌号应在规程规定的范围内。焊条、焊丝和焊接工艺参数应按较高牌号钢筋选用，对接头强度的要求应按较低牌号钢筋强度计算。

（9）进行电阻点焊、闪光对焊、埋弧压力焊、埋弧螺柱焊时，应随时观察电源电压的波动情况；当电源电压下降大于 5％、小于 8％时，应采取提高焊接变压器级数的措施；当大于或等于 8％时，不得进行焊接。

（10）在环境温度低于 $-5℃$ 条件下施焊时，焊接工艺应符合下列要求：

1）闪光对焊时，宜采用预热闪光焊或闪光－预热闪光焊；可增加调伸长度，采用较低变压器级数，增加预热次数和间歇时间。

2）电弧焊时，宜增大焊接电流，减低焊接速度。电弧帮条焊或搭接焊时，第一层焊缝应从中间引弧，向两端施焊；以后各层控温施焊，层间温度控制在 $150\sim350℃$ 之间。多层施焊时，可采用回火焊道施焊。

（11）当环境温度低于 $-20℃$ 时，不应进行各种焊接。

（12）雨天、雪天进行施焊时，应采取有效遮蔽措施。焊后未冷却接头不得接触到雨和冰雪，并应采取有效的防滑、防触电措施，确保人身安全。

1）当焊接区风速超过 8m/s，在现场进行闪光对焊或焊条电弧焊时，当风速超过 5m/s 进行气压焊时，当风速超过 2m/s 进行二氧化碳气体保护电弧焊时，均应采取挡风措施。

2）焊机应经常维护保养和定期检修，确保正常使用。

2．钢筋电阻点焊

（1）混凝土结构中钢筋焊接骨架和钢筋焊接网，宜采用电阻点焊制作。

（2）钢筋焊接骨架和钢筋焊接网在焊接生产中，当两根钢筋直径不同时，焊接骨架较小钢筋直径小于或等于 10mm 时，大、小钢筋直径之比不宜大于 3 倍；当较小钢筋直径为 $12\sim16mm$ 时，大、小钢筋直径之比不宜大于 2 倍。焊接网较小钢筋直径不得小于较大钢筋直径的 60％。

（3）电阻点焊的工艺过程中，应包括预压、通电、锻压三个阶段（图6-4）。

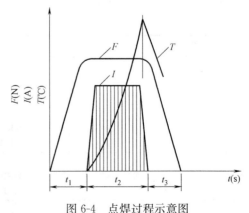

图 6-4　点焊过程示意图

F—压力；I—电流；T—温度；t—时间；t_1—预压时间；t_2—通电时间；t_3—锻压时间

（4）电阻点焊的工艺参数应根据钢筋牌号、直径及焊机性能等具体情况，选择变压器级数、焊接通电时间和电极压力。

（5）焊点的压入深度应为较小钢筋直径的 18%～25%。

（6）钢筋焊接网、钢筋焊接骨架宜用于成批生产；焊接时应按设备使用说明书中的规定进行安装、调试和操作，根据钢筋直径选用合适电极压力、焊接电流和焊接通电时间。

（7）点焊生产中，应经常保持电极与钢筋之间接触面的清洁平整；当电极使用变形时，应及时修整。

（8）钢筋点焊生产过程中，应随时检查制品的外观质量；当发现焊接缺陷时，应查找原因并采取措施，及时消除。

3. 钢筋闪光对焊

（1）钢筋闪光对焊可采用连续闪光焊、预热闪光焊或闪光—预热闪光焊工艺方法（图6-5）。生产中，可根据不同条件按下列规定选用：

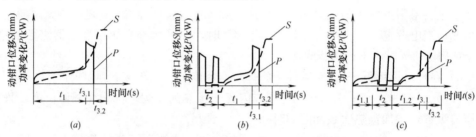

图 6-5　钢筋闪光对焊工艺过程图解

（a）连续闪光焊；（b）预热闪光焊；（c）闪光—预热闪光焊

S—动钳口位移；P—功率变化；t—时间；t_1—烧化时间；$t_{1.1}$——次烧化时间；

$t_{1.2}$—二次烧化时间；t_2—预热时间；$t_{3.1}$—有电顶锻时间；$t_{3.2}$—无电顶锻时间

1）当钢筋直径较小，钢筋牌号较低，在规程规定的范围内，可采用"连续闪光焊"；

2）当钢筋直径超过规程规定，钢筋端面较平整，宜采用"预热闪光焊"；

3）当钢筋直径超过规程规定，且钢筋端面不平整，应采用"闪光—预热闪光焊"。

（2）连续闪光焊所能焊接的钢筋直径上限，应根据焊机容量、钢筋牌号等具体情况而定，并应符合表 6-2 的规定。

连续闪光焊钢筋直径上限　　　　　　　　　　　　　　　　表 6-2

焊机容量(kVA)	钢筋牌号	钢筋直径(mm)
160 （150）	HPB300	22
	HRB335　HRBF335	22
	HRB400　HRBF400	20
100	HPB300	20
	HRB335　HRBF335	20
	HRB400　HRBF400	18
80 （75）	HPB300	16
	HRB335　HRBF335	14
	HRB400　HRBF400	12

（3）施焊中，焊工应熟练掌握各项留置参数（图6-6），以确保焊接质量。

（4）闪光对焊时，应按下列规定选择调伸长度、烧化留量、顶锻留量以及变压器级数

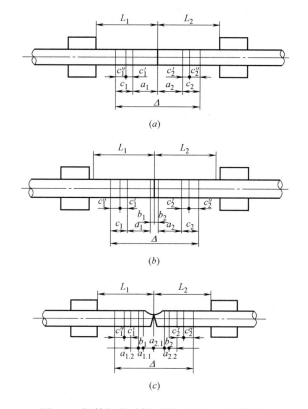

图 6-6 钢筋闪光对焊三种工艺方法留量图解

(a) 连续闪光焊   (b) 预热闪光焊   (c) 闪光—预热闪光焊

L_1、L_2—调伸长度；a_1+a_2—烧化留量；$a_{1.1}+a_{2.1}$—一次烧化留量；

$a_{1.2}+a_{2.2}$—二次烧化留量；b_1+b_2—预热留量；c_1+c_2—顶锻留量；

$c_1'+c_2'$—有电顶锻留量；$c_1''+c_2''$—无电顶锻留量；Δ—焊接总留量

等焊接参数：

1) 调伸长度的选择，应随着钢筋牌号的提高和钢筋直径的加大而增长，主要是减缓接头的温度梯度，防止在热影响区产生淬硬组织；当焊接 HRB400、HRB400 级钢筋时，调伸长度宜在 40~60mm 内选用。

2) 烧化留量的选择，应根据焊接工艺方法确定。当连续闪光焊时，闪光过程应较长。烧化留量应等于两根钢筋在断料时切断机刀口严重压伤部分（包括端面的不平整度）再加 8~10mm。当闪光—预热闪光焊时，应区分一次烧化留量和二次烧化留量。一次烧化留量应不小 10mm，预热闪光焊时的烧化留量应不小于 6mm。

3) 需要预热时，宜采用电阻预热法。预热留量应为 1~2mm，预热次数应为 1~4 次；每次预热时间应为 1.5~2s，间歇时间应为 3~4s。

4) 顶锻留量应为 3~7mm，并应随钢筋直径的增大和钢筋牌号的提高而增加。其中，有电顶锻留量约占 1/3，无电顶锻留量约占 2/3，焊接时必须控制得当。焊接 HRB500 钢筋时，顶锻留量宜稍微增大，以确保焊接质量。

(5) 当 HRBF335 钢筋、HRBF400 钢筋、HRBF500 钢筋或 RRB400W 钢筋进行闪光对焊时，与热轧钢筋比较，应减小调伸长度，提高焊接变压器级数，缩短加热时间，快速顶锻，形成快热快冷条件，使热影响区长度控制在钢筋直径的60%范围内。

（6）变压器级数应根据钢筋牌号、直径、焊机容量以及焊接工艺方法等具体情况选择。

（7）HRB500、HRBF500钢筋焊接时，应采用预热闪光焊或闪光－预热闪光焊工艺。当接头拉伸试验结果，发生脆性断裂或弯曲试验不能达到规定要求时，尚应在焊机上进行焊后热处理。

（8）在闪光对焊生产中，当出现异常现象或焊接缺陷时，应查找原因，采取措施，及时消除。

4.箍筋闪光对焊

（1）箍筋闪光对焊的焊点位置宜设在箍筋受力较小一边的中部。不等边的多边形柱箍筋对焊点位置宜设在两个边上的中部。

（2）箍筋下料长度应预留焊接总留量（Δ），其中包括烧化留量（A）、预热留量（B）和顶端留量（C）。

矩形箍筋下料长度可参照下式计算：

$$L_g = 2(a_g + b_g) + \Delta$$

式中 L_g——箍筋下料长度（mm）；

　　　a_g——箍筋内净长度（mm）；

　　　b_g——箍筋内净宽度（mm）；

　　　Δ——焊接总留量（mm）。

当用切断机下料，增加压痕长度，采用闪光－预热闪光焊工艺时，焊接总留量Δ随之增大，约为$1.0d$（d为箍筋直径）。上列计算箍筋下料长度经试焊后核对，箍筋外皮尺寸应符合设计图纸的规定。

（3）钢筋切断和弯曲应符合下列规定：

1）钢筋切断宜采用钢筋专用切割机下料；当用钢筋切断机时，刀口间隙不得大于0.3mm；

2）切断后的钢筋端面应与轴线垂直，无压弯、无斜口；

3）钢筋按设计图纸尺寸弯曲成形，制成待焊箍筋，应使两个对焊钢筋头完全对准，具有一定弹性压力（图6-7）。

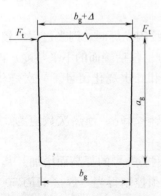

图6-7 待焊箍筋
a_g—箍筋内净长度；b_g—箍筋内净宽度；
Δ—焊接总留量；F_t—弹性压力

（4）待焊箍筋为半成品，应进行加工质量的检查，属中间质量检查。按每一工作班、同一牌号钢筋、同一加工设备完成的待焊箍筋作为一个检验批，每批随机抽查5%件。检查项目应符合下列规定：

1）梁钢筋头端面应闭合，无斜口；

2）接口处应有一定弹性压力。

（5）箍筋闪光对焊应符合下列规定：

1）宜使用100kVA的箍筋专用对焊机。

2）宜采用预热闪光焊，焊接工艺参数、操作要领、焊接缺陷的产生与消除措施等，可按焊接规程相关规定执行。

3）焊接变压器级数应适当提高，二次电流稍大。

4）梁钢筋顶锻闭合后，应延续数秒钟再松开夹具。

（6）箍筋闪光对焊过程中，当出现异常现象或焊接缺陷时，应查找原因，采取措施，及时消除。

5. 钢筋电弧焊

（1）钢筋电弧焊时，可采用焊条电弧焊或二氧化碳气体保护电弧焊两种工艺方法。二氧化碳气体保护电弧焊设备应由焊接电源、送丝系统、焊枪、供气系统、控制电路等部分组成。

（2）钢筋二氧化碳气体保护电弧焊时，应根据焊机性能、焊接接头形状、焊接位置等条件选用下列焊接工艺参数：

1）焊接电流；

2）极性；

3）电弧电压（弧长）；

4）焊接速度；

5）焊丝伸出长度（干伸长）；

6）焊枪角度；

7）焊接位置；

8）焊丝直径。

（3）钢筋电弧焊应包括帮条焊、搭接焊、坡口焊、窄间隙焊和熔槽帮条焊5种接头形式。焊接时，应符合下列规定：

1）应根据钢筋牌号、直径、接头形式和焊接位置，选择焊接材料，确定焊接工艺和焊接参数；

2）焊接时，引弧应在垫板、帮条或形成焊缝的部位进行，不得烧伤主筋；

3）焊接地线与钢筋应接触良好；

4）焊接过程中应及时清渣，焊缝表面应光滑，焊缝余高应平缓过渡，弧坑应填满。

（4）帮条焊时，宜采用双面焊（图6-8a）；当不能进行双面焊时，可采用单面焊（图6-8b），帮条长度应符合表6-3的规定。当帮条牌号与主筋相同时，帮条直径可与主筋相同或小一个规格；当帮条直径与主筋相同时，帮条牌号可与主筋相同或低一个牌号等级。

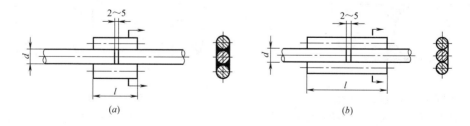

图6-8　钢筋帮条焊接头
（a）双面焊；（b）单面焊

（5）搭接焊时，宜采用双面焊［图6-9（a）］。当不能进行双面焊时，可采用单面焊［图6-9（b）］。搭接长度可与表6-3帮条长度相同。

钢筋牌号	焊缝型式	帮条长度(l)
HPB300	单面焊	$\geqslant 8d$
	双面焊	$\geqslant 4d$
HRB335、HRBF335、 HRB400、HRBF400、 HRB500、HRBF500、RRB400	单面焊	$\geqslant 10d$
	双面焊	$\geqslant 5d$

钢筋帮条长度　表 6-3

注：d 为主筋直径（mm）。

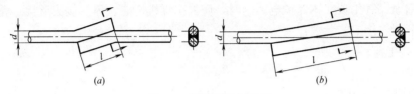

图 6-9　钢筋搭接焊接头

（a）双面焊；（b）单面焊

d—钢筋直筋；l—搭接长度

（6）帮条焊接头或搭接焊接头的焊缝厚度 s 不应小于主筋直径的 30%；焊缝宽度 b 不应小于主筋直径的 80%（图 6-10）。

（7）帮条焊或搭接焊时，钢筋的装配和焊接应符合下列规定：

1）帮条焊时，两主筋端面的间隙应为 2～5mm；

2）搭接焊时，焊接端钢筋宜预弯，并应使两根钢筋的轴线在同一条直线上；

3）帮条焊时，帮条与主筋之间应用四点定位焊固定；搭接焊时，应用两点固定；定位焊缝与帮条端部或搭接端部的距离宜大于或等于 20mm；

4）焊接时，应在帮条焊或搭接焊形成焊缝中引弧；在端头收弧前应填满弧坑，并应使主焊缝与定位焊缝的始端和终端熔合。

（8）坡口焊的准备工作和焊接工艺应符合下列规定（图 6-11）：

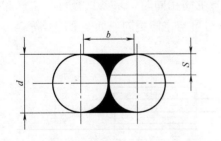

图 6-10　焊缝尺寸示意

d—钢筋直径；b—焊缝宽度；S—焊缝厚度

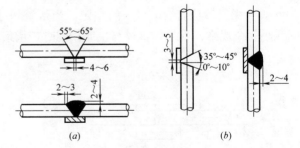

图 6-11　钢筋坡口焊接接头

（a）平焊；（b）立焊

1）坡口面应平顺，切口边缘不得有裂纹、钝边和缺棱；

2）坡口角度应在规定范围内选用；

3）钢垫板厚度宜为 4～6mm，长度宜为 40～60mm；平焊时，垫板宽度应为钢筋直径加 10mm；立焊时，垫板宽度宜等于钢筋直径；

4）焊缝的宽度应大于 V 形坡口的边缘 2～3mm，焊缝余高为 2～4mm，并平缓过渡至钢筋表面；

5）钢筋与钢垫板之间，应加焊 2～3 层侧面焊缝；

6）当发现接头中有弧坑、气孔及咬边等缺陷时，应立即补焊。

图 6-12　钢筋窄间隙焊接头

（9）窄间隙焊适用于直径 16mm 及以上钢筋的现场水平连接。焊接时，钢筋端部应置于铜模中，并应留出一定间隙，连续焊接，熔化钢筋端面，使熔敷金属填充间隙形成接头（图 6-12）；其焊接工艺应符合下列规定：

1）钢筋端面应平整；

2）宜选用低氢焊接材料；

3）从焊缝根部引弧后应连续进行焊接，左右来回运弧，在钢筋端面处电弧应少许停留，并使熔合；

4）当焊至端面间隙的 4/5 高度后，焊缝逐渐扩宽；当熔池过大时，应改连续焊为断续焊，避免过热；

5）焊缝余高应为 2～4mm，且应平缓过渡至钢筋表面。

（10）熔槽帮条焊适用于直径 20mm 及以上钢筋的现场安装焊接。焊接时应加角钢作为垫板模。接头形式（图 6-13）、角钢尺寸和焊接工艺应符合下列规定：

1）角钢边长宜为 40～70mm；

2）钢筋端头应加工平整；

3）从接缝处垫板引弧后应连续施焊，并应使钢筋端部熔合，防止未焊透、气孔或夹渣；

4）焊接过程中应及时停焊清渣；焊平后，再进行焊缝余高的焊接，其高度应为 2～4mm；

5）钢筋与角钢垫板之间，应加焊侧面焊缝 1～3 层，焊缝应饱满，表面应平整。

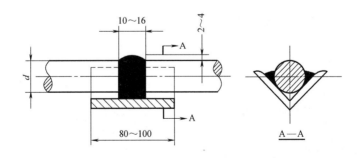

图 6-13　钢筋熔槽帮条焊接头

（11）预埋件钢筋电弧焊 T 形接头可分为角焊和穿孔塞焊两种（图 6-14），装配和焊接时，应符合下列规定：

1）当采用 HPB300 钢筋时，角焊缝焊脚尺寸（K）不得小于钢筋直径的 50％；采用其他牌号钢筋时，焊脚尺寸（K）不得小于钢筋直径的 60％；

2）施焊中，不得使钢筋咬边和烧伤。

（12）钢筋与钢板搭接焊时，焊接接头（图 6-15）应符合下列规定：

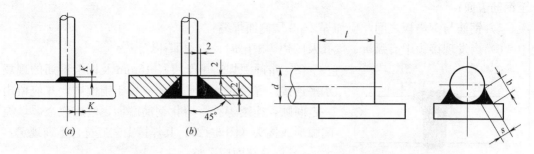

图 6-14　预埋件钢筋电弧焊 T 形接头
(a) 角焊；(b) 穿孔塞焊
K—焊脚尺寸

图 6-15　钢筋与钢板搭接焊接头
d—钢筋直径；l—搭接长度；b—焊缝宽度；s—焊缝厚度

1) HPB300 钢筋的搭接长度（l）不得小于 4 倍钢筋直径，其他牌号钢筋搭接长度（l）不得小于 5 倍钢筋直径；

2) 焊缝宽度不得小于钢筋直径的 60％，焊缝有效厚度不得小于钢筋直径的 35％。

6. 钢筋电渣压力焊

（1）电渣压力焊应用于现浇钢筋混凝土结构中竖向或斜向（倾斜度不大于 10°）钢筋的连接。

（2）直径 12mm 钢筋电渣压力焊时，应采用小型焊接夹具，上下两钢筋对正，不偏歪，多做焊接工艺试验，确保焊接质量。

（3）电渣压力焊焊机容量应根据所焊钢筋直径选定，接线端应连接紧密，确保良好导电。

（4）焊接夹具应具有足够刚度，夹具型式、型号应与焊接钢筋配套，上下钳口应同心，在最大允许荷载下应移动灵活，操作便利，电压表、时间显示器应配备齐全。

（5）电渣压力焊工艺过程应符合下列规定：

1) 焊接夹具的上下钳口应夹紧于上、下钢筋上；钢筋一经夹紧，不得晃动，且钢筋应同心。

2) 引弧可采用直接引弧法或铁丝圈（焊条芯）间接引弧法。

3) 引燃电弧后，应先进行电弧过程，然后，加快上钢筋下送速度，使上钢筋端面插入液态渣池约 2mm，转变为电渣的过程，最后在断电的同时，迅速下压上钢筋，挤出熔化金属和熔渣（图 6-16）。

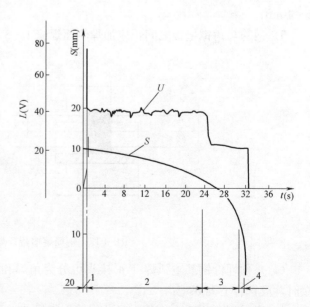

图 6-16　φ28mm 钢筋电渣压力焊工艺过程图
U—焊接电压；S—上钢筋位移；t—焊接时间
1—引弧过程；2—电弧过程；3—电渣过程；4—顶压过程

4）接头焊毕，应稍作停歇，方可回收焊剂和卸下焊接夹具；敲去渣壳后，四周焊包凸出钢筋表面的高度，当钢筋直径为 25mm 及以下时不得小于 4mm；当钢筋直径为 28mm 及以上时不得小于 6mm。

（6）电渣压力焊焊接参数应包括焊接电流、焊接电压和通电时间；采用 HJ431 焊剂时，宜符合表 6-4 的规定。采用专用焊剂或自动电渣压力焊机时，应根据焊剂或焊机使用说明书中推荐数据，通过试验确定。

电渣压力焊焊接参数 表 6-4

钢筋直径 （mm）	焊接电流 （A）	焊接电压（V）		焊接通电时间(s)	
		电弧过程 $U_{2.1}$	电渣过程 $U_{2.2}$	电弧过程 t_1	电渣过程 t_2
12	280～320	35～45	18～22	12	2
14	300～350			13	4
16	300～350			15	5
18	300～350			16	6
20	350～400			18	7
22	350～400			20	8
25	350～400			22	9
28	400～450			25	10
32	450～500			30	11

（7）在焊接生产中焊工应进行自检，当发现偏心、弯折、烧伤等焊接缺陷时，应查找原因，采取措施，及时消除。

7. 钢筋气压焊

（1）气压焊可用于钢筋在垂直位置、水平位置或倾斜位置的对接焊接。

（2）气压焊按加热温度和工艺方法的不同，可分为固态气压焊和熔态气压焊两种，施工单位应根据设备等情况选择采用。

（3）气压焊按加热火焰所用燃烧气体的不同，可分为氧乙炔气压焊和氧液化石油气气压焊两种。氧液化石油气火焰的加热温度稍低，施工单位应根据具体情况选用。

（4）气压焊设备应符合下列规定：

1）供气装置应包括氧气瓶、溶解乙炔气瓶或液化石油气瓶、减压器及胶管等；溶解乙炔气瓶或液化石油气瓶出口处应安装干式回火防止器。

2）焊接夹具应能夹紧钢筋，当钢筋承受最大的轴向压力时，钢筋与夹头之间不得产生相对滑移；应便于钢筋的安装定位，并在施焊过程中保持刚度；动夹头应与定夹头同心，并且当不同直径钢筋焊接时，亦应保持同心；动夹头的位移应大于或等于现场最大直径钢筋焊接时所需的压缩长度。

3）采用半自动钢筋固态气压焊或半自动钢筋熔态气压焊时，应增加电动加压装置、带有加压控制开关的多嘴环管加热器；采用固态气压焊时，宜增加带有陶瓷切割片的钢筋常温直角切断机以及钢筋常温直角切断机。

4）当采用氧液化石油气火焰进行加热焊接时，应配备梅花状喷嘴的多嘴环管加热器。

（5）采用固态气压焊时，其焊接工艺应符合下列规定：

1）焊前钢筋端面应切平、打磨，使其露出金属光泽，钢筋安装夹牢，预压顶紧后，两钢筋端面局部间隙不得大于 3mm。

2）气压焊加热开始至钢筋端面密合前，应采用碳化焰集中加热；钢筋端面密合后可采用中性焰宽幅加热；钢筋端面合适加热温度应为 1150～1250℃；钢筋镦粗区表面的加热温度应稍高于该温度，并使钢筋直径增大而适当提高。

3）气压焊顶压时，对钢筋施加的顶压力应为 30～40MPa。

4）三次加压法的工艺过程应包括预压、密合和成形 3 个阶段（图 6-17）。

5）当采用半自动钢筋固态气压焊时，应使用钢筋常温直角切断机断料，两钢筋端面间隙控制在 1～2mm，钢筋端面应平滑，可直接焊接。

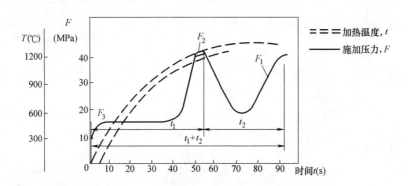

图 6-17　三次加压法焊接工艺过程图解

t_1—碳化焰对准钢筋接缝处集中加热时间；F_1—一次加压，预压；

t_2—中性焰往复宽幅加热时间；F_2—二次加压、接缝密合；

t_1+t_2—根据钢筋直径和火焰热功率而定；F_3—三次加压、镦粗成形

（6）采用熔态气压焊时，其焊接工艺应符合下列规定：

1）安装时，两钢筋端面之间应预留 3～5mm 间隙。

2）当采用氧液化石油气熔态气压焊时，应调整好火焰，适当增大氧气用量。

3）气压焊开始时，应首先使用中性焰加热，待钢筋端头至熔化状态，附着物随熔滴流走，端部呈凸状时应加压，挤出熔化金属，并密合牢固。

（7）在加热过程中，当在钢筋端面缝隙完全密合之前发生灭火中断现象时，应将钢筋取下重新打磨、安装，然后点燃火焰进行焊接。当灭火中断发生在钢筋端面缝隙完全密合之后，可继续加热加压。

（8）在焊接生产中，焊工应自检，当发现焊接缺陷时，应查找原因，并采取措施，及时消除。

8. 预埋件钢筋埋弧压力焊

（1）预埋件钢筋埋弧压力焊设备应符合下列规定：

1）当钢筋直径为 6mm 时，可选用 500 型弧焊变压器作为焊接电源；当钢筋直径为 8mm 及以上时，应选用 1000 型弧焊变压器作为焊接电源。

2）焊接机构应操作方便、灵活；宜装有高频引弧装置；焊接地线宜采取对称接地法，以减少电弧偏移（图 6-18）；操作台面上应装有电压表和电流表。

3）控制系统应灵敏、准确，并应配备时间显示装置或时间继电器，以控制焊接通电时间。

（2）埋弧压力焊工艺过程应符合下列规定：

1）钢板应放平，并与铜板电极接触紧密。

2）将锚固钢筋夹于夹钳内，应夹牢；并应放好挡圈，注满焊剂。

3）接通高频引弧装置和焊接电源后，应立即将钢筋上提，引燃电弧，使电弧稳定燃烧，再渐渐下送。

4）顶压时，用力应适度（图 6-19）。

5）敲去渣壳，四周焊包凸出钢筋表面的高度，当钢筋直径为 18mm 及以下时，不得小于 3mm；当钢筋直径为 20mm 及以上时，不得小于 4mm。

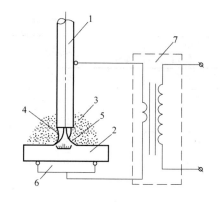

图 6-18　对称接地示意
1—钢筋；2—钢板；3—焊剂；4—电弧；
5—熔池；6—铜板电极；7—焊接变压器

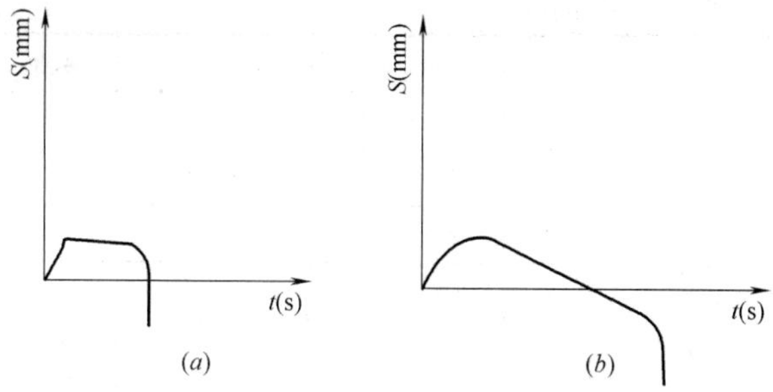

图 6-19　预埋件钢筋埋弧压力焊上钢筋位移图解
（a）小直径钢筋；（b）大直径钢筋
S—钢筋位移；t—焊接时间

（3）埋弧压力焊的焊接参数应包括引弧提升高度、电弧电压、焊接电流和焊接通电时间。

（4）在埋弧压力焊生产中，引弧、燃弧（钢筋维持原位或缓慢下送）和顶压等环节应紧密配合；焊接地线应与铜板电板接触紧密，并应及时消除电极钳口的铁锈和污物，修理电极钳口的形状。

（5）在埋弧压力焊生产中，焊工应自检，当发现焊接缺陷时，应查找原因，并采取措施，及时消除。

9. 预埋件钢筋埋弧螺柱焊

（1）预埋件钢筋埋弧螺柱焊设备应包括：埋弧螺柱焊机、焊枪、焊接电缆、控制电缆和钢筋夹头等。

（2）埋弧螺柱焊机由晶闸管整流器和调节-控制系统组成，有多种型号，在生产中，应根据表 6-5 选用。

（3）埋弧螺柱焊焊枪有电磁铁提升式和电机拖动式两种，生产中，应根据钢筋直径和长度选用焊枪。

（4）预埋件钢筋埋弧螺柱焊工艺应符合下列要求。

序号	钢筋直径(mm)	焊机型号	焊接电流调节范围(A)	焊接时间调节范围(s)
1	6~14	RSM—1000	100~1000	1.30~13.0
2	14~25	RSM—2500	200~2500	1.30~13.0
3	16~28	RSM—3150	300~3150	1.30~13.0

1）将预埋件钢板放平，在钢板的最远处对称点，用两根接地电缆将钢板与焊机的正极连接，将焊枪与焊机的负极连接，连接应紧密、牢固。

2）将钢筋推入焊枪的夹持钳内，顶紧于钢板，在焊剂挡圈内注满焊剂。

3）应在焊机上设定合适的焊接电流和焊接通电时间；应在焊机上设定合适的钢筋伸出长度和钢筋提升高度（表6-6）。

埋弧螺柱焊焊接参数 表 6-6

钢筋牌号	钢筋直径(mm)	焊接电流(A)	焊接时间(s)	提升高度(mm)	伸出长度(mm)	焊剂牌号	焊机型号
HPB300 HRB335 HRBF335 HRB400 HRBF400	6	450~550	3.2~2.3	4.8~5.5	5.5~6.0	HJ431 SJ101	RSM1000
	8	470~580	3.4~2.5	4.8~5.5	5.5~6.5		RSM1000
	10	500~600	3.8~2.8	5.0~6.0	5.5~7.0		RSM1000
	12	550~650	4.0~3.0	5.5~6.5	6.5~7.0		RSM1000
	14	600~700	4.4~3.2	5.8~6.6	6.8~7.2		RSM1000/2500
	16	850~1100	4.8~4.0	7.0~8.5	7.5~8.5		RSM2500
	18	950~1200	5.2~4.5	7.2~8.6	7.8~8.8		RSM2500
	20	1000~1250	6.5~5.2	8.0~10.0	8.0~9.0		RSM3150/2500
	22	1200~1350	6.7~5.5	8.0~10.5	8.2~9.2		RSM3150/2500
	25	1250~1400	8.8~7.8	9.0~11.0	8.4~10.0		RSM3150/2500
	28	1350~1550	9.2~8.5	9.5~11.0	9.0~10.5		RSM3150

4）拨动焊枪上按钮"开"，接通电源，钢筋上提，引燃电弧（图6-20）。

5）经过设定燃弧时间，钢筋自动插入熔池，并断电。

6）停息数秒钟，打掉渣壳，四周焊包应凸出钢筋表面；当钢筋直径为18mm及以下时，凸出高度不得小于3mm；当钢筋直径为20mm及以上时，凸出高度不得小于4mm。

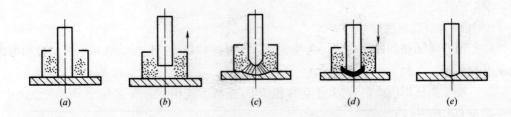

图 6-20 预埋件钢筋埋弧螺柱焊示意

（a）套上焊剂挡圈；（b）接通电源；（c）燃弧；（d）钢筋插入熔池；

（e）打掉渣壳，顶紧钢筋，钢筋上提，自动断电；焊接完成注满焊剂；引燃电弧

第三节　钢筋机械连接

一、钢筋机械连接方法

粗直径钢筋机械加工连接是建筑业 10 项新技术之一。目前正在推广应用的有套筒挤压连接法、锥螺纹连接法和直螺纹连接法等。

1. 套筒挤压连接法

套筒挤压连接是把两根待接钢筋的端头先插入一个优质钢套筒，然后用挤压机在侧向加压数道，套筒塑性变形后即与带肋钢筋紧密啮合，达到连接的目的。

套筒挤压连接的优点是接头强度高，质量稳定可靠；安全，无明火，不受气候影响；适应性强，可用于垂直、水平、倾斜、高空、水下等各方位的钢筋连接。还特别适用于不可焊接钢筋、进口钢筋的连接。近年来推广应用迅速。挤压连接法的主要缺点是设备移动不便，连接速度较慢。

2. 锥螺纹连接法

锥螺纹连接法是用锥形螺纹套筒，将两根钢筋端头对接在一起，利用螺纹的机械啮合力传递拉力或压力，所用的设备主要是套丝机，通常安装在现场对钢筋端头进行套丝。套完锥形丝扣的钢筋用塑料帽保护，防止搬运和堆放过程中受损。套筒一般在工厂内加工。连接钢筋时利用测力扳手拧紧套筒至规定力矩值可完成钢筋的对接。锥螺纹连接现场操作工序简单，速度快，应用范围广，不受气候影响，很受施工单位欢迎。但锥螺纹接头破坏都发生在接头处，现场加工的锥螺纹质量不高，漏扭或扭紧力矩不准，丝扣松动等对接头强度和变形有很大影响。因此，必须重视锥螺纹接头的现场检查，严格执行行业标准，必须从工程结构中随机抽样检验。

3. 直螺纹连接法

直螺纹连接法是最近几年才开发的一种新的螺纹连接方式。它是先把钢筋端部镦粗，然后再加工成直螺纹，最后用套筒实行钢筋对接。由于镦粗段钢筋切削后的净截面仍大于钢筋原截面，即螺纹不削弱钢筋截面，从而确保接头强度大于母材强度。直螺纹不存在扭紧力矩对接头性能的影响，从而提高了连接的可靠性，也加快了施工速度。直螺纹接头比套筒挤压接头节省钢材 70%，比锥螺纹接头节省钢材 35%，发展前景良好。

二、钢筋直螺纹连接接头要求

1. 接头的应用

（1）混凝土结构中要求充分发挥钢筋强度或对延性要求高的部位应优先选用二级接头。当在同一连接区段内必须实施 100% 钢筋接头连接时，应采用一级接头。

（2）混凝土结构中钢筋应力较高但对延性要求不高的部位可采用三级接头。

（3）接头的百分率应符合下列规定：

1）接头宜设置在结构构件受拉钢筋应力较小部位，当需要在高应力部位设置接头时，在同一连接区段内三级接头的百分率不应大于 25%，二级接头的百分率不应大于 50%，一级接头的百分率除有关规定外，可不受限制。

2) 接头宜避开有抗震设防要求的框架梁端、柱端箍筋加密区；当无法避开时，应采取二级接头或一级接头，且百分率不应大于 50%。

3) 受拉钢筋应力较小部位或纵向受压钢筋，接头百分率可不受限制。

4) 对直接承受动力荷载的结构构件，接头百分率不应大于 50%。

5) 根据连接技术规定，只要接头百分率不大于 50%二级接头可以在抗震结构中的任何部位使用。因此，即使重要建筑，一般情况下选用二级接头就可以了，接头等级的选用并非越高越好，盲目提高接头等级容易给施工验收带来不必要的麻烦。

6) 在混凝土结构高应力部位的同一连接区段内必须实施 100%钢筋接头的连接时，应采用一级接头；实施 50%钢筋接头连接时宜优先采用二级接头；混凝土结构中钢筋应力较高但对接头延性要求不高的部位，可采用三级接头。分级后也有利于降低套筒材料消耗和接头成本，取得较好的技术经济效益；分级后还有利于施工现场接头抽检不合格时，可按不同等级接头的应用和接头的百分率限制是否降级处理。

2. 接头级别的划分

(1) 一级接头：接头抗拉强度等于被连接钢筋的实际拉断强度或不小于 1.10 倍钢筋抗拉强度标准值，残余变形小并具有高延性及反复拉压性能。

(2) 二级接头：接头抗拉强度不小于被连接钢筋抗拉强度标准值，残余变形较小并具有高延性及反复拉压性能。

(3) 三级接头：接头抗拉强度不小于被连接钢筋屈服强度标准值的 1.25 倍，残余变形较小并具有一定的延性及反复拉压性能。

3. 接头的抗拉强度标准（见表 6-7）

接头抗拉强度标准   表 6-7

接头等级	一级		二级	三级
抗拉强度	$f^{\circ}_{mst} \geq f_{stk}$ 或 $f^{\circ}_{mst} \geq 1.10 f_{stk}$	断于钢筋 断于接头	$f^{\circ}_{mst} \geq f_{stk}$	$f^{\circ}_{mst} \geq 1.25 f_{yk}$

4. 接头的加工

(1) 加工钢筋接头的操作工人应经专业技术人员培训合格后才能上岗，并相对稳定。

(2) 钢筋丝头的长度应满足企业标准中产品设计要求，公差应为 $0 \sim 2.0p$（p 为螺距）。

(3) 钢筋丝头宜满足 6f 级精度要求，应用专用直螺纹量规检验，通规能顺利旋入并达到要求的拧入长度，直规旋入不得超过 $3p$。抽检数量 10%，检验合格率不应小于 95%。

(4) 直螺纹钢筋接头的加工应保持丝头端面的基本平整，使安装扭矩能有效形成丝头的相互对顶力，消除或减少钢筋受拉时因螺纹间隙造成的变形，强调直螺纹钢筋接头应切平或镦平后再加工螺纹，是为了避免因丝头端面不平造成接触端面间相互卡位而消耗大部分拧紧扭矩和减少螺纹有效扣数。

(5) 镦粗直螺纹钢筋接头有时会在钢筋镦粗段产生沿钢筋轴线方向的表面裂纹，国内外实验均表明，这类裂纹不影响接头性能，但横向裂纹则是不允许的。

(6) 钢筋丝头的加工长度应为正公差，保证丝头在套筒内可相互顶紧，以减少残余变形。

（7）螺纹量规检验是施工现场控制丝头加工尺寸和螺纹质量的重要工序，产品供应商应提供合格量规，对加工丝头进行质量控制是负责丝头加工单位的责任。

5. 接头的安装

钢筋丝头在套筒中央位置应相互顶紧，这是减少接头残余变形的最有效的措施，是保证直螺纹钢筋接头安装质量的重要环节；规定外露螺纹不超过 $2p$ 是防止丝头没有完全拧入套筒的辅助性检查手段。

6. 接头的检查与验收

（1）每种规格钢筋的接头试件不应少于 3 个。

（2）第一次工艺检验中 1 根试件抗拉强度或 3 根试件的残余变形平均值不合格时，允许再抽 3 根试件进行复验，复验仍不合格时则判为工艺检验不合格。

（3）接头的检验应按验收批进行，同一施工条件下采用同一批材料的同等级、同形式、同规格接头，应以 500 个为一个验收批进行检验与验收，不足 500 个也作为一个验收批。螺纹接头安装后应抽取其中 10％的接头进行拧紧扭矩校核，拧紧扭矩值不合格数超过被校核接头数的 5％时，应重新拧紧全部接头，直到合格为止。

（4）对接头的每一验收批，必须在工程结构中随机截取 3 个接头试件做抗拉强度试验，按设计要求的接头等级进行评定。当 3 个接头试件的抗拉强度均达到相应的强度要求时，该验收批应评为合格。如有 1 个试件的抗拉强度不符合要求，应再取 6 个试件进行复试。复试中如仍有 1 个试件的抗拉强度不符合要求，则该验收批应评为不合格。

（5）现场检验连续 10 个验收批抽样试件抗拉强度试验一次合格率为 100％时，验收批接头数量可扩大 1 倍。

（6）现场截取抽样试件后，原接头位置的钢筋可采用同等规格的钢筋进行搭接连接，或采用焊接及机械连接方法补接。

（7）对抽检不合格的接头验收批，应由建设方会同设计等有关方面研究后提出处理方案。

三、直螺纹接头在使用及连接中的质量通病

（1）柱子钢筋直螺纹连接时，易出现套筒下端无外露丝扣，而套筒上端的外露丝扣大多超过 $2p$，这种情况出现时，往往被"判定"为丝头加工的长短不一，其实并非如此，是操作时先拧在下段立筋上，而后再往套筒内拧入上段钢筋，待下段钢筋丝头完全拧入后，上段钢筋丝扣的位置被下段钢筋的丝扣所"占领"，故顶端的丝扣必然超标，如图 6-21（a）所示。

（2）在柱子钢筋连接时，套筒上下的钢筋均未拧入到位（就是用手拧几下）就进行下道工序，外露丝扣上下全部超标。对于连接完的直螺纹套筒，一般规定用红漆做标识，未做标识的一律不验收和进行下道工序，如图 6-21（b）所示。

（3）钢筋拧入套筒后，两端均无外露丝扣，是因丝头加工太短的缘故，如图 6-21（c）所示。

（4）预留的钢筋（柱子筋较多）直螺纹不带保护帽，在混凝土浇筑中极易污染丝头，在吊装中也容易将丝头损伤、变形，导致套筒无法拧入。有时个别操作者遇有这种情况时，（以水平连接为多见）采取极不负责任的做法，用一个大一规格的套筒套在两丝头上

"蒙混过关"，如图 6-21（d）所示。

（5）合格的连接为外露丝扣不超过 2p，如图 6-21（e）所示。

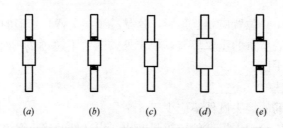

图 6-21　直螺纹接头常见的质量通病

（a）一头无外露丝扣，一头外露丝扣超过 2p，为不合格。（b）两头外露丝扣
均超过 2p 为不合格。（c）两头均无外露丝扣，不合格。
（d）两丝扣损坏，套筒无法拧入，用大一规格的套筒套入"蒙人"
（e）两头外露丝扣均不超过 2p 为合格。

第四节　钢筋网与钢筋骨架安装

一、绑扎钢筋网与钢筋骨架安装

钢筋网与钢筋骨架的分段（块），应根据结构配筋特点及起重运输能力而定。一般钢筋网的分块面积以 6～20m 长为宜，钢筋骨架的分段长度宜为 6～12m。

钢筋网与钢筋骨架，为防止在运输和安装过程中发生歪斜变形，应采取临时加固措施，图 6-22 是绑扎钢筋网的临时加固情况。

钢筋网与钢筋骨架的吊点，应根据其尺寸、重量及刚度而定。宽度大于 1m 的水平钢筋网宜采用四点起吊；跨度小于 6m 的钢筋骨架宜采用两点起吊 [图 6-23（a）]，跨度大、刚度差的钢筋骨架宜采用横吊梁（铁扁担）四点起吊 [图 6-23（b）]。为了防止吊点处钢筋受力变形，可采取兜底吊或加短钢筋。

绑扎钢筋网与钢筋骨架的交接处做法，与钢筋的现场绑扎同。

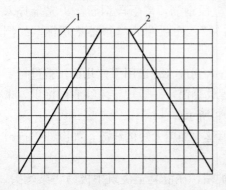

图 6-22　绑扎钢筋网的临时加固
1—钢筋网；2—加固筋

二、钢筋焊接网安装

钢筋焊接网运输时应捆扎整齐、牢固，每捆重量不应超过 2t，必要时应加刚性支撑或支架。

进场的钢筋焊接网宜按施工要求堆放，并应有明显的标志。

对两端须插入梁内锚固的焊接网，当网片纵向钢筋较细时，可利用网片的弯曲变形性能，先将焊接网中部向上弯曲，使两端能先后插入梁内，然后铺平网片；当钢筋较粗，焊接网不能弯曲时，可将焊接网的一端少焊 1～2 根横向钢筋，先插入

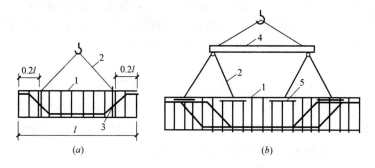

图 6-23 钢筋骨架的绑扎起吊

(a) 二点绑扎；(b) 采用横吊梁四点绑扎

1—钢筋骨架；2—吊索；3—兜底索；4—横吊梁；5—短钢筋

该端，然后退插另一端，必要时可采用绑扎方法补回所减少的横向钢筋。

钢筋焊接网的搭接、构造，应符合有关规定。两张网片搭接时，在搭接区中心及两端应采用铁丝绑扎牢固。在附加钢筋与焊接网连接的每个节点处均应采用铁丝绑扎。

钢筋焊接网安装时，下部网片应设置与保护层厚度相当的水泥砂浆垫块或塑料卡；板的上部网片应在短向钢筋两端，沿长向钢筋方向每隔 600～900mm 设一钢筋支墩，如图 6-24 所示。

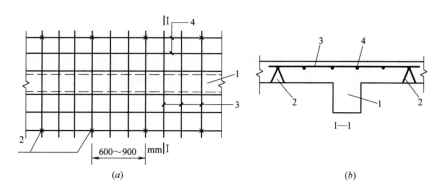

图 6-24 上部钢筋焊接网的支墩

(a) 平面图；(b) 剖面图

1—梁；2—支墩；3—短向钢筋；4—长向钢筋

第五节 钢筋连接与安装要求

按照现行国家标准《混凝土结构工程施工规范》（GB 50666—2011）的规定，钢筋连接与安装要求摘录如下（此处编号依照规范原文）：

5.4.1 钢筋的接头宜设置在受力较小处。同一纵向受力钢筋不宜设置两个或两个以上的接头。接头末端至钢筋弯起点的距离不应小于钢筋公称直径的 10 倍。

5.4.2 钢筋机械连接应符合现行行业标准《钢筋机械连接技术规程》（JGJ 107）的规定。钢筋焊接连接应符合现行行业标准《钢筋焊接及验收规程》（JGJ 18）的规定。

5.4.3　当纵向受力钢筋采用机械连接或焊接时，设置在同一构件内的接头宜相互错开。每层柱第一个钢筋接头位置距楼地面高度不宜小于 500mm、柱高的 1/6 及柱截面长边（或直径）的较大值；连续梁、板的上部钢筋接头位置宜设置在跨中 1/3 跨度范围内，下部钢筋接头位置宜设置在梁端 1/3 跨度范围内。

纵向受力钢筋机械连接接头及焊接接头连接区段的长度应为 35d（d 为纵向受力钢筋的较大直径）且不应小于 500mm，凡接头中点位于该连接区段长度内的接头均应属于同一连接区段。同一连接区段内，纵向受力钢筋接头面积百分率为该区段内有接头的纵向受力钢筋截面面积与全部纵向受力钢筋截面面积的比值。

同一连接区段内，纵向受力钢筋的接头面积百分率应符合下列规定：

1　在受拉区不宜超过 50%，但装配式混凝土结构构件连接处可根据实际情况适当放宽；受压接头可不受限制；

2　接头不宜设置在有抗震要求的框架梁端、柱端的箍筋加密区；当无法避开时，对等强度高质量机械连接接头，不应超过 50%。

3　直接承受动力荷载的结构构件中，不宜采用焊接；当采用机械连接时，不应超过 50%。

5.4.4　同一构件中相邻纵向受力钢筋的绑扎搭接接头宜相互错开。绑扎搭接接头中钢筋的横向净间距 s 不应小于钢筋直径，且不应小于 25mm。纵向受力钢筋绑扎搭接接头连接区段的长度应为 1.3l_l（l_l 为搭接长度），凡搭接接头中点位于该连接区段长度内的搭接接头均应属于同一连接区段。同一连接区段内，纵向受力钢筋接头面积百分率为该区段内有接头的纵向受力钢筋截面面积与全部纵向受力钢筋截面面积的比值（图 5.4.4）。

同一连接区段内，纵向受拉钢筋绑扎搭接接头面积百分率应符合下列规定：

1　梁、板类构件不宜超过 25%，基础筏板不宜超过 50%；

2　柱类构件，不宜超过 50%；

3　当工程中确有必要增大接头面积百分率时，对梁类构件，不应大于 50%；对其他构件，可根据实际情况适当放宽。

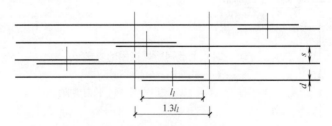

图 5.4.4　钢筋绑扎搭接接头连接区段及接头面积百分率
注：图中所示搭接接头同一连接区段内的搭接钢筋为两根，
当各钢筋直径相同时，接头面积百分率为 50%。

5.4.5　在梁、柱类构件的纵向受力钢筋搭接长度范围内，应按设计要求配置箍筋。当设计无具体要求时，应符合下列规定：

1　箍筋直径不应小于搭接钢筋较大直径的 0.25 倍；

2　受拉搭接区段，箍筋间距不应大于搭接钢筋较小直径的 5 倍，且不应大于 100mm；

3　受压搭接区段，箍筋间距不应大于搭接钢筋较小直径的 10 倍，且不应大于 200mm；

4 当柱中纵向受力钢筋直径大于 25mm 时，应在搭接接头两个端面外 100mm 范围内各设置两个箍筋，其间距宜为 50mm。

5.4.6 钢筋绑扎应符合下列规定：

1 钢筋的绑扎搭接接头应在接头中心和两端用铁丝扎牢；

2 墙、柱、梁钢筋骨架中各垂直面钢筋网交叉点应全部扎牢；板上部钢筋网的交叉点应全部扎牢，底部钢筋网除边缘部分外可间隔交错扎牢；

3 梁、柱的箍筋弯钩及焊接封闭箍筋的对焊点应沿纵向受力钢筋方向错开设置。构件同一表面，焊接封闭箍筋的对焊接头面积百分率不宜超过 50%；

4 填充墙构造柱纵向钢筋宜与框架梁钢筋共同绑扎；

5 梁及柱中箍筋、墙中水平分布钢筋及暗柱箍筋、板中钢筋距构件边缘的距离宜为 50mm。

5.4.7 构件交接处的钢筋位置应符合设计要求。当设计无要求时，应优先保证主要受力构件和构件中主要受力方向的钢筋位置。框架节点处梁纵向受力钢筋宜置于柱纵向钢筋内侧；次梁钢筋宜放在主梁钢筋内侧；剪力墙中水平分布钢筋宜放在外部，并在墙边弯折锚固。

5.4.8 钢筋安装应采用定位件固定钢筋的位置，并宜采用专用定位件。定位件应具有足够的承载力、刚度、稳定性和耐久性。定位件的数量、间距和固定方式应能保证钢筋的位置偏差符合国家现行有关标准的规定。混凝土框架梁、柱保护层内，不宜采用金属定位件。

5.4.9 钢筋安装过程中，如因施工操作需要而对钢筋进行焊接时，应符合现行行业标准《钢筋焊接及验收规程》（JGJ 18）的有关规定。

5.4.10 采用复合箍筋时，箍筋外围应封闭。梁类构件复合箍筋内部宜选用封闭箍筋，单数肢也可采用拉筋；柱类构件复合箍筋内部可部分采用拉筋。

5.4.11 钢筋安装应采取可靠措施防止钢筋受模板、模具内表面的隔离剂污染。

第七章 钢筋加工机械使用安全

第一节 一般规定

（1）机械的安装应坚实稳固。固定式机械应有可靠的基础；移动式机械作业时应楔紧行走轮。

（2）室外作业应设置机棚，机旁应有堆放原料、半成品、成品的场地。

（3）加工较长的钢筋时，应有专人帮扶，并听从操作人员指挥，不得任意推拉。

（4）作业后，应堆放好成品，清理场地，切断电源，锁好开关箱，做好润滑工作。

第二节 常见的钢筋加工机械使用安全

一、钢筋调直切断机

（1）料架、料槽应安装平直，并应对准导向筒、调直筒和下切刀孔的中心线。

（2）应用手转动飞轮，检查传动机构和工作装置，调整间隙，紧固螺栓，检查电气系统，确认正常后，起动空运转，并应检查轴承无异响，齿轮啮合良好，运转正常后，方可作业。

（3）应按调直钢筋的直径，选用适当的调直块、曳引轮槽及传动速度。调直块的孔径应比钢筋直径大 2～5mm，曳引轮槽宽应和所需调直钢筋的直径相符合，传动速度应根据钢筋直径选用，直径大的宜选用慢速，经调试合格，方可送料。

（4）在调直块未固定、防护罩未盖好前不得送料。作业中严禁打开各部防护罩并调整间隙。

（5）送料前，应将不直的钢筋端头切除。导向筒前应安装一根 1m 长的钢管，钢筋应先穿过钢管再送入调直前端的导孔内。

（6）当钢筋送入后，手与曳轮应保持一定的距离，不得接近。

（7）经过调直后的钢筋如仍有慢弯，可逐渐加大调直块的偏移量，直到调直为止。

（8）切断 3～4 根钢筋后，应停机检查其长度，当超过允许偏差时，应调整限位开关或定尺板。

二、钢筋切断机

（1）接送料的工作台面应和切刀下部保持水平，工作台的长度应根据加工材料长度确定。

（2）启动前，应检查并确认切刀无裂纹，刀架螺栓紧固，防护罩牢靠。然后用手转动皮带轮，检查齿轮啮合间隙，调整切刀间隙。

（3）启动后，应先空运转，检查各传动部分及轴承运转正常后，方可作业。

（4）机械未达到正常转速时，不得切料。切料时，应使用切刀的中、下部位，紧握钢筋对准刃口迅速投入，操作者应站在固定刀片一侧用力压住钢筋，应防止钢筋末端弹出伤人。严禁用两手分在刀片两边握住钢筋俯身送料。

（5）不得剪切直径及强度超过机械铭牌规定的钢筋和烧红的钢筋。一次切断多根钢筋时，其总截面积应在规定范围内。

（6）剪切低合金钢时，应更换高硬度切刀，剪切直径应符合机械铭牌规定。

（7）切断短料时，手和切刀之间的距离应保持在150mm以上，如手握端小于400mm时，应采用套管或夹具将钢筋短头压住或夹牢。

（8）运转中，严禁用手直接清除切刀附近的断头和杂物。钢筋摆动周围和切刀周围，不得停留非操作人员。

（9）当发现机械运转不正常、有异常响声或切刀歪斜时，应立即停机检修。

（10）作业后，应切断电源，用钢刷清除切刀间的杂物，进行整机清洁润滑。

（11）液压传动式切断机作业前，应检查并确认液压油位及电动机旋转方向符合要求。启动后，应空载运转，松开放油阀，排净液压缸体内的空气，方可进行切筋。

（12）手动液压式切断机使用前，应将放油阀按顺时针方向旋紧，切割完毕后，应立即按逆时针方向旋松。作业中，手应持稳切断机，并戴好绝缘手套。

三、钢筋弯曲机

（1）工作台和弯曲机台面应保持水平，作业前应准备好各种芯轴及工具。

（2）应按加工钢筋的直径和弯曲半径的要求，装好相应规格的芯轴和成形轴、挡铁轴。芯轴直径应为钢筋直径的2.5倍。挡铁轴应有轴套。

（3）挡铁轴的直径和强度不得小于被弯钢筋的直径和强度。不直的钢筋，不得在弯曲机上弯曲。

（4）应检查并确认芯轴、挡铁轴、转盘等无裂纹和损伤，防护罩坚固可靠，空载运转正常后，方可作业。

（5）作业时，应将钢筋需弯一端插入在转盘固定销的间隙内，另一端紧靠机身固定销，并用手压紧；应检查机身固定销并确认安放在挡住钢筋的一侧，方可开动。

（6）作业中，严禁更换轴芯、销子和变换角度以及调速，不得进行清扫和加油。

（7）对超过机械铭牌规定直径的钢筋严禁进行弯曲。在弯曲未经冷拉或带有锈皮的钢筋时，应戴防护镜。

（8）弯曲高强度或低合金钢筋时，应按机械铭牌规定换算最大允许直径并应调换相应的芯轴。

（9）在弯曲钢筋的作业半径内和机身不设固定销的一侧严禁站人。弯曲好的半成品，应堆放整齐，弯钩不得朝上。

（10）转盘换向时，应待机器停稳后进行。

（11）作业后，应及时清除转盘及孔内的铁锈、杂物等。

四、钢筋冷拉机

（1）应根据冷拉钢筋的直径，合理选用卷扬机。卷扬钢丝绳应经封闭式导向滑轮，并和被拉钢筋成直角。卷扬机的位置应使操作人员能见到全部冷拉场地，卷扬机与冷拉中线距离不得小于 5m。

（2）冷拉场地应在两端地锚外侧设置警戒区，并应安装防护栏及警告标志。无关人员不得在此停留。操作人员在作业时必须离开钢筋 2m 以外。

（3）用配重控制的设备应与滑轮匹配，并应有指示起落的记号，没有指示记号时应有专人指挥。配重框提起时高度应限制在离地面 300mm 以内，配重架四周应有栏杆及警告标志。

（4）作业前，应检查冷拉夹具，夹齿应完好，滑轮、拖拉小车应润滑灵活，拉钩、地锚及防护装置均应齐全牢固。确认良好后，方可作业。

（5）卷扬机操作人员必须看到指挥人员发出信号，并待所有人员离开危险区后方可作业。冷拉应缓慢、均匀。当有停车信号或见到有人进入危险区域时，应立即停拉，并稍稍放松卷扬钢丝绳。

（6）用延伸率控制的装置，应装设明显的限位标志，并应有专人负责指挥。

（7）夜间作业的照明设施，应装设在张拉危险区外。当需要装设在场地上空时，其高度应超过 5m。灯泡应加防护罩。

（8）作业后，应放松卷扬钢丝绳，落下配重，切断电源，锁好开关箱。

五、预应力钢丝拉伸设备

（1）作业场地两端外侧应设有防护栏杆和警告标志。

（2）作业前，应检查被拉钢丝两端的镦头，当有裂纹或损伤时，应及时更换。

（3）固定钢丝镦头端的钢板上圆孔直径应较所拉钢丝的直径大 0.2mm。

（4）高压油泵启动前，应将各油路调节阀松开，然后开动油泵，待空载运转正常后，再紧闭回油阀，逐渐拧开进油阀，待压力表指示值达到要求，油路无泄漏，确认正常后，方可作业。

（5）作业中，操作应平稳、均匀。张拉时，两端不得站人。拉伸机在有压力情况下，严禁拆卸液压系统的任何零件。

（6）高压油泵不得超载作业，安全阀应按设备额定油压调整，严禁任意调整。

（7）在测量钢丝的伸长时，应先停止拉伸，操作人员必须站在侧面操作。

（8）用电热张拉法带电操作时，应穿绝缘胶鞋和戴绝缘手套。

（9）张拉时，不得用手摸或脚踩钢丝。

（10）高压油泵停止作业时，应先断开电源，再将回油阀缓慢松开，待压力表退回至零位时，方可卸开通往千斤顶的油管接头，使千斤顶全部卸荷。

六、冷镦机

（1）应根据钢筋直径，配换相应夹具。

（2）应检查并确认模具、中心冲头无裂纹，并应校正上下模具与中心冲头的同心度，紧固各部螺栓，做好安全防护。

（3）启动后应先空运转，调整上下模具紧度，对准冲头模进行镦头校对，确认正常后，方可作业。

（4）机械未达到正常转速时，不得镦头。当镦出的头大小不匀时，应及时调整冲头与夹具的间隙。冲头导向块应保持有足够的润滑。

七、钢筋冷拔机

（1）应检查并确认机械各连接件牢固，模具无裂纹，轧头和模具的规格配套，然后启动主机空运转，确认正常后，方可作业。

（2）在冷拔钢筋时，每道工序的冷拔直径应按机械出厂说明书规定进行，不得超量缩减模具孔径，无资料时，可按每次缩减孔径 0.5～1.0mm。

（3）轧头时，应先使钢筋的一端穿过模具长度达 100～150mm，再用夹具夹牢。

（4）作业时，操作人员的手和轧辊应保持 300～500mm 的距离，不得用手直接接触钢筋和滚筒。

（5）冷拔模架中应随时加足润滑剂，润滑剂应采用石灰和肥皂水调和晒干后的粉末。钢筋通过冷拔模前，应抹少量润滑脂。

（6）当钢筋的末端通过冷拔模后，应立即脱开离合器，同时用手闸挡住钢筋末端。

（7）拔丝过程中，当出现断丝或钢筋打结乱盘时，应立即停机，在处理完毕后，方可开机。

八、钢筋冷挤压连接机

（1）有下列情况之一时，应对挤压机的挤压力进行标定：
1）新挤压设备使用前；
2）旧挤压设备大修后；
3）油压表受损或强烈振动后；
4）套筒压痕异常且查不出其他原因时；
5）挤压设备使用超过一年；
6）挤压的接头数超过 5000 个。

（2）设备使用前后的拆装过程中，超高压油管两端的接头及压接钳、换向阀的进出油接头，应保持清洁，并应及时用专用防尘帽封好。超高压油管的弯曲半径不得小于 250mm，扣压接头处不得扭转，且不得有死弯。

（3）挤压机液压系统的使用，应符合规程的有关规定；高压胶管不得荷重拖拉、弯折和受到尖利物体刻划。

（4）压模、套筒与钢筋应相互配套使用，压模上应有相对应的连接钢筋规格标记。

（5）挤压前的准备工作应符合下列要求：
1）钢筋端头的铁锈、泥砂、油污等杂物应清理干净。
2）钢筋与套筒应先进行试套，当钢筋头部有马蹄形、弯折或纵肋尺寸过大时，应预先进行矫正或用砂轮打磨；不同直径钢筋的套筒不得串用。
3）钢筋端部应画出定位标记与检查标记，定位标记与钢筋端头的距离应为套筒长度的一半，检查标记与定位标记的距离宜为 20mm。

4）检查挤压设备情况，应进行试压，符合要求后方可作业。

（6）挤压操作应符合下列要求：

1）钢筋挤压连接宜先在地面上挤压一端套筒，在施工作业区插入待接钢筋后再挤压另一端套筒。

2）压接钳就位时，应对准套筒压痕位置的标记，并应与钢筋轴线保持垂直。

3）挤压顺序宜从套筒中部开始，并逐渐向端部挤压。

4）挤压作业人员不得随意改变挤压力、压接道数或挤压顺序。

（7）作业后，应收拾好成品、套筒和压模，清理场地，切断电源，锁好开关箱，最后将挤压机和挤压钳放到指定地点。

九、钢筋螺纹成型机

（1）使用机械前，应检查刀具安装正确，连接牢固，各运转部位润滑情况良好，无漏电现象，空车试运转确认无误后，方可作业。

（2）钢筋应先调直再下料。切口端面应与钢筋轴线垂直，不得有马蹄形或挠曲，不得用气割下料。

（3）加工钢筋锥螺纹时，应采用水溶性切削润滑液；当气温低于 0℃时，应掺入15%～20%亚硝酸钠。不得用机油作润滑液或不加润滑液套丝。

（4）加工时必须确保钢筋夹持牢固。

（5）机械在运转过程中，严禁清扫刀片上面的积屑杂污，发现工况不良应立即停机检查、修理。

（6）对超过机械铭牌规定直径的钢筋严禁进行加工。

（7）作业后，应切断电源，用钢刷清除切刀间的杂物，进行整机清洁润滑。

十、钢筋除锈机

（1）作业前应检查钢丝刷的固定螺栓有无松动，传动部分润滑和封闭式防护罩及排尘设备等完好情况。

（2）操作人员必须束紧袖口，戴防尘口罩、手套和防护眼镜。

（3）严禁将已弯钩成形的钢筋上机除锈。弯度过大的钢筋宜在基本调直后除锈。

（4）操作时应将钢筋放平，手握紧，侧身送料，严禁在除锈机正面站人。整根长钢筋除锈应由两人配合操作，互相呼应。

第八章　施工质量检查和验收

第一节　质量检查

1. 钢筋进场质量检查

钢筋进场质量检查应符合下列规定：

（1）应检查钢筋的质量证明书；

（2）应按国家现行有关标准的规定抽样检验钢筋屈服强度、抗拉强度、伸长率、弯曲性能及单位长度重量偏差；

（3）经产品认证符合要求的钢筋，其检验批量可扩大一倍。在同一工程项目中，同一厂家、同一牌号、同一规格的钢筋连续三次进场检验均合格时，其后的检验批量可扩大一倍；

（4）钢筋的外观质量；

（5）当无法准确判断钢筋品种、牌号时，应增加化学成分、晶粒度等检验项目。

2. 成形钢筋进场安装检查

（1）成形钢筋进场时，应检查成形钢筋的质量证明书及成形钢筋所用材料的检验合格报告，并应抽样检验成形钢筋的屈服强度、抗拉强度、伸长率。检验批量可由合同约定，且同一工程、同一原材料来源、同一组生产设备生产的成形钢筋，检验批量不宜大于100t。

（2）盘卷供货的钢筋冷拉调直后，应检查力学性能和单位长度重量偏差。

（3）钢筋加工后，应检查尺寸偏差；钢筋安装后，应检查位置偏差。

3. 质量检查标准

在施工现场，应按现行行业标准《钢筋机械连接技术规程》（JGJ 107）、《钢筋焊接及验收规程》（JGJ 18）的有关规定，抽取钢筋机械连接接头、焊接接头试件做力学性能检验。

第二节　质量验收

一、普通钢筋工程施工质量验收有关要求

为加强建筑工程质量管理，统一混凝土结构工程施工质量的验收，保证工程质量，国家于2015年制定了《混凝土结构工程施工质量验收规范》（GB 50204—2015），自2015年9月1日起实施。这里主要介绍《混凝土结构工程施工质量验收规范》（GB 50204—2015）中有关钢筋施工质量验收的有关内容，以便钢筋工职业人员在施工过程中自我检查，提高施工质量。下面列出与钢筋工有关的部分摘录如下（保留规范条文编号）：

5.1 一 般 规 定

5.1.1 浇筑混凝土之前，应进行钢筋隐蔽工程验收。隐蔽工程验收应包括下列主要内容：

1 纵向受力钢筋的牌号、规格、数量、位置；

2 钢筋的连接方式、接头位置、接头质量、接头面积百分率、搭接长度、锚固方式及锚固长度；

3 箍筋、横向钢筋的牌号、规格、数量、间距、位置，箍筋弯钩的弯折角度及平直段长度；

4 预埋件的规格、数量和位置。

5.1.2 钢筋、成型钢筋进场检验，当满足下列条件之一时，其检验批容量可扩大一倍：

1 获得认证的钢筋、成型钢筋；

2 同一厂家、同一牌号、同一规格的钢筋，连续三批均一次检验合格；

3 同一厂家、同一类型、同一钢筋来源的成型钢筋，连续三批均一次检验合格。

5.2 材 料

主控项目

5.2.1 钢筋进场时，应按国家现行相关标准的规定抽取试件作屈服强度、抗拉强度、伸长率、弯曲性能和重量偏差检验，检验结果应符合相应标准的规定。

检查数量：按进场批次和产品的抽样检验方案确定。

检验方法：检查质量证明文件和抽样检验报告。

5.2.2 成型钢筋进场时，应抽取试件作屈服强度、抗拉强度、伸长率和重量偏差检验，检验结果应符合国家现行有关标准的规定。

对由热轧钢筋制成的成型钢筋，当有施工单位或监理单位的代表驻厂监督生产过程，并提供原材钢筋力学性能第三方检验报告时，可仅进行重量偏差检验。

检查数量：同一厂家、同一类型、同一钢筋来源的成型钢筋，不超过30t为一批，每批中每种钢筋牌号、规格均应至少抽取1个钢筋试件，总数不应少于3个。

检验方法：检查质量证明文件和抽样检验报告。

5.2.3 对按一、二、三级抗震等级设计的框架和斜撑构件（含梯段）中的纵向受力普通钢筋应采用 HRB335E、HRB400E、HRB500E、HRBF335E、HRBF400E 或 HRBF500E 钢筋，其强度和最大力下总伸长率的实测值应符合下列规定：

1 抗拉强度实测值与屈服强度实测值的比值不应小于1.25；

2 屈服强度实测值与屈服强度标准值的比值不应大于1.30；

3 最大力下总伸长率不应小于9%。

检查数量：按进场的批次和产品的抽样检验方案确定。

检验方法：检查抽样检验报告。

一般项目

5.2.4 钢筋应平直、无损伤，表面不得有裂纹、油污、颗粒状或片状老锈。

检查数量：全数检查。

检验方法：观察。

5.2.5 成型钢筋的外观质量和尺寸偏差应符合国家现行有关标准的规定。

检查数量：同一厂家、同一类型的成型钢筋，不超过30t为一批，每批随机抽取3个成型钢筋。

检验方法：观察，尺量。

5.2.6 钢筋机械连接套筒、钢筋锚固板以及预埋件等的外观质量应符合国家现行有关标准的规定。

检查数量：按国家现行有关标准的规定确定。

检验方法：检查产品质量证明文件；观察，尺量。

5.3 钢 筋 加 工

主 控 项 目

5.3.1 钢筋弯折的弯弧内直径应符合下列规定：

1 光圆钢筋，不应小于钢筋直径的 2.5 倍；

2 335MPa 级、400MPa 级带肋钢筋，不应小于钢筋直径的 4 倍；

3 500MPa 级带肋钢筋，当直径为 28mm 以下时不应小于钢筋直径的 6 倍，当直径为 28mm 及以上时不应小于钢筋直径的 7 倍；

4 箍筋弯折处尚不应小于纵向受力钢筋的直径。

检查数量：同一设备加工的同一类型钢筋，每工作班抽查不应少于 3 件。

检验方法：尺量。

5.3.2 纵向受力钢筋的弯折后平直段长度应符合设计要求。光圆钢筋末端做 180°弯钩时，弯钩的平直段长度不应小于钢筋直径的 3 倍。

检查数量：同一设备加工的同一类型钢筋，每工作班抽查不应少于 3 件。

检验方法：尺量。

5.3.3 箍筋、拉筋的末端应按设计要求做弯钩，并应符合下列规定：

1 对一般结构构件，箍筋弯钩的弯折角度不应小于 90°，弯折后平直段长度不应小于箍筋直径的 5 倍；对有抗震设防要求或设计有专门要求的结构构件，箍筋弯钩的弯折角度不应小于 135°，弯折后平直段长度不应小于箍筋直径的 10 倍；

2 圆形箍筋的搭接长度不应小于其受拉锚固长度，且两末端弯钩的弯折角度不应小于 135°，弯折后平直段长度对一般结构构件不应小于箍筋直径的 5 倍，对有抗震设防要求的结构构件不应小于箍筋直径的 10 倍；

3 梁、柱复合箍筋中的单肢箍筋两端弯钩的弯折角度均不应小于 135°，弯折后平直段长度应符合本条第 1 款对箍筋的有关规定。

检查数量：同一设备加工的同一类型钢筋，每工作班抽查不应少于 3 件。

检验方法：尺量。

5.3.4 盘卷钢筋调直后应进行力学性能和重量偏差检验，其强度应符合国家现行有关标准的规定，其断后伸长率、重量偏差应符合表 5.3.4 的规定。力学性能和重量偏差检验应符合下列规定：

1 应对 3 个试件先进行重量偏差检验，再取其中 2 个试件进行力学性能检验。

2 重量偏差应按下式计算：

$$\Delta = \frac{W_d - W_0}{W_0} \times 100 \qquad (5.3.4)$$

式中 Δ——重量偏差（%）；

W_d——3 个调直钢筋试件的实际重量之和（kg）；

W_0——钢筋理论重量（kg），取每米理论重量（kg/m）与 3 个调直钢筋试件长度之和（m）的乘积。

3 检验重量偏差时，试件切口应平滑并与长度方向垂直，其长度不应小于 500mm；长度和重量的量测精度分别不应低于 1mm 和 1g。

采用无延伸功能的机械设备调直的钢筋，可不进行本条规定的检验。

检查数量：同一设备加工的同一牌号、同一规格的调直钢筋，重量不大于 30t 为一批，每批见证抽取 3 个试件。

检验方法：检查抽样检验报告。

表 5.3.4 盘卷钢筋调直后的断后伸长率、重量偏差要求

钢筋牌号	断后伸长率 A(%)	重量偏差(%)	
		直径 6mm～12mm	直径 14mm～16mm
HPB300	≥21	≥−10	—
HRB335、HRBF335	≥16	≥−8	≥−6
HRB400、HRBF400	≥15		
RRB400	≥13		
HRB500、HRBF500	≥14		

注：断后伸长率 A 的量测标距为 5 倍钢筋直径。

一 般 项 目

5.3.5 钢筋加工的形状、尺寸应符合设计要求，其偏差应符合表 5.3.5 的规定。

检查数量：同一设备加工的同一类型钢筋，每工作班抽查不应少于 3 件。

检验方法：尺量。

表 5.3.5 钢筋加工的允许偏差

项　　目	允许偏差(mm)
受力钢筋沿长度方向的净尺寸	±10
弯起钢筋的弯折位置	±20
箍筋外廓尺寸	±5

5.4 钢 筋 连 接
主 控 项 目

5.4.1 钢筋的连接方式应符合设计要求。

检查数量：全数检查。

检验方法：观察。

5.4.2 钢筋采用机械连接或焊接连接时，钢筋机械连接接头、焊接接头的力学性能、弯曲性能应符合国家现行有关标准的规定。接头试件应从工程实体中截取。

检查数量：按现行行业标准《钢筋机械连接技术规程》JGJ 107 和《钢筋焊接及验收规程》JGJ 18 的规定确定。

检验方法：检查质量证明文件和抽样检验报告。

5.4.3 钢筋采用机械连接时，螺纹接头应检验拧紧扭矩值，挤压接头应量测压痕直径，检验结果应符合现行行业标准《钢筋机械连接技术规程》JGJ 107 的相关规定。

检查数量：按现行行业标准《钢筋机械连接技术规程》JGJ 107 的规定确定。

检验方法：采用专用扭力扳手或专用量规检查。

一 般 项 目

5.4.4 钢筋接头的位置应符合设计和施工方案要求。有抗震设防要求的结构中，梁端、柱端箍筋加密区范围内不应进行钢筋搭接。接头末端至钢筋弯起点的距离不应小于钢筋直径的 10 倍。

检查数量：全数检查。

检验方法：观察，尺量。

5.4.5 钢筋机械连接接头、焊接接头的外观质量应符合现行行业标准《钢筋机械连接技术规程》JGJ 107 和《钢筋焊接及验收规程》JGJ 18 的规定。

检查数量：按现行行业标准《钢筋机械连接技术规程》JGJ 107 和《钢筋焊接及验收规程》JGJ 18 的规定确定。

检验方法：观察，尺量。

5.4.6 当纵向受力钢筋采用机械连接接头或焊接接头时，同一连接区段内纵向受力钢筋的接头面积百分率应符合设计要求；当设计无具体要求时，应符合下列规定：

1 受拉接头，不宜大于 50%；受压接头，可不受限制；

2 直接承受动力荷载的结构构件中，不宜采用焊接；当采用机械连接时，不应超过 50%。

检查数量：在同一检验批内，对梁、柱和独立基础，应抽查构件数量的 10%，且不应少于 3 件；对墙和板，应按有代表性的自然间抽查 10%，且不应少于 3 间；对大空间结构，墙可按相邻轴线间高度 5m 左右划分检查面，板可按纵横轴线划分检查面，抽查 10%，且均不应少于 3 面。

检验方法：观察，尺量。

> 注：1 接头连接区段是指长度为 35d 且不小于 500mm 的区段，d 为相互连接两根钢筋的直径较小值。
>
> 2 同一连接区段内纵向受力钢筋接头面积百分率为接头中点位于该连接区段内的纵向受力钢筋截面面积与全部纵向受力钢筋截面面积的比值。

5.4.7 当纵向受力钢筋采用绑扎搭接接头时，接头的设置应符合下列规定：

1 接头的横向净间距不应小于钢筋直径，且不应小于 25mm；

2 同一连接区段内，纵向受拉钢筋的接头面积百分率应符合设计要求；当设计无具体要求时，应符合下列规定：

1）梁类、板类及墙类构件，不宜超过 25%；基础筏板，不宜超过 50%。

2）柱类构件，不宜超过 50%。

3）当工程中确有必要增大接头面积百分率时，对梁类构件，不应大于 50%。

检查数量：在同一检验批内，对梁、柱和独立基础，应抽查构件数量的 10%，且不应少于 3 件；对墙和板，应按有代表性的自然间抽查 10%，且不应少于 3 间；对大空间结构，墙可按相邻轴线间高度 5m 左右划分检查面，板可按纵横轴线划分检查面，抽查 10%，且均不应少于 3 面。

检验方法：观察，尺量。

注：1 接头连接区段是指长度为1.3倍搭接长度的区段。搭接长度取相互连接两根钢筋中较小直径计算。

2 同一连接区段内纵向受力钢筋接头面积百分率为接头中点位于该连接区段长度内的纵向受力钢筋截面面积与全部纵向受力钢筋截面面积的比值。

5.4.8 梁、柱类构件的纵向受力钢筋搭接长度范围内箍筋的设置应符合设计要求；当设计无具体要求时，应符合下列规定：

1 箍筋直径不应小于搭接钢筋较大直径的1/4；

2 受拉搭接区段的箍筋间距不应大于搭接钢筋较小直径的5倍，且不应大于100mm；

3 受压搭接区段的箍筋间距不应大于搭接钢筋较小直径的10倍，且不应大于200mm；

4 当柱中纵向受力钢筋直径大于25mm时，应在搭接接头两个端面外100mm范围内各设置二道箍筋，其间距宜为50mm。

检查数量：在同一检验批内，应抽查构件数量的10%，且不应少于3件。

检验方法：观察，尺量。

5.5 钢筋安装

主控项目

5.5.1 钢筋安装时，受力钢筋的牌号、规格和数量必须符合设计要求。

检查数量：全数检查。

检验方法：观察，尺量。

5.5.2 钢筋应安装牢固。受力钢筋的安装位置、锚固方式应符合设计要求。

检查数量：全数检查。

检验方法：观察，尺量。

一 般 项 目

5.5.3 钢筋安装偏差及检验方法应符合表5.5.3的规定，受力钢筋保护层厚度的合格点率应达到90%及以上，且不得有超过表中数值1.5倍的尺寸偏差。

检查数量：在同一检验批内，对梁、柱和独立基础，应抽查构件数量的10%，且不应少于3件；对墙和板，应按有代表性的自然间抽查10%，且不应少于3间；对大空间结构，墙可按相邻轴线间高度5m左右划分检查面，板可按纵、横轴线划分检查面，抽查10%，且均不应少于3面。

表 5.5.3 钢筋安装允许偏差和检验方法

项 目		允许偏差(mm)	检 验 方 法
绑扎钢筋网	长、宽	±10	尺量
	网眼尺寸	±20	尺量连续三档,取最大偏差值
绑扎钢筋骨架	长	±10	尺量
	宽、高	±5	尺量
纵向受力钢筋	锚固长度	−20	尺量
	间距	±10	尺量两端、中间各一点,取最大偏差值
	排距	±5	

110

项　　目		允许偏差（mm）	检 验 方 法
纵向受力钢筋、箍筋的混凝土保护层厚度	基础	±10	尺量
	柱、梁	±5	尺量
	板、墙、壳	±3	尺量
绑扎箍筋、横向钢筋间距		±20	尺量连续三档，取最大偏差值
钢筋弯起点位置		20	尺量
预埋件	中心线位置	5	尺量
	水平高差	+3,0	塞尺量测

注：检查中心线位置时，沿纵、横两个方向量测，并取其中偏差的较大值。

二、预应力钢筋工程施工质量验收有关要求

6.1　一 般 规 定

6.1.1　浇筑混凝土之前，应进行预应力隐蔽工程验收。隐蔽工程验收应包括下列主要内容：

　　1　预应力筋的品种、规格、级别、数量和位置；

　　2　成孔管道的规格、数量、位置、形状、连接以及灌浆孔、排气兼泌水孔；

　　3　局部加强钢筋的牌号、规格、数量和位置；

　　4　预应力筋锚具和连接器及锚垫板的品种、规格、数量和位置。

6.1.2　预应力筋、锚具、夹具、连接器、成孔管道的进场检验，当满足下列条件之一时，其检验批容量可扩大一倍：

　　1　获得认证的产品；

　　2　同一厂家、同一品种、同一规格的产品，连续三批均一次检验合格。

6.1.3　预应力筋张拉机具及压力表应定期维护。张拉设备和压力表应配套标定和使用，标定期限不应超过半年。

6.2　材 　料
主 控 项 目

6.2.1　预应力筋进场时，应按国家现行相关标准的规定抽取试件作抗拉强度、伸长率检验，其检验结果应符合相应标准的规定。

　　检查数量：按进场的批次和产品的抽样检验方案确定。

　　检验方法：检查质量证明文件和抽样检验报告。

6.2.2　无粘结预应力钢绞线进场时，应进行防腐润滑脂量和护套厚度的检验，检验结果应符合现行行业标准《无粘结预应力钢绞线》JG 161 的规定。

　　经观察认为涂包质量有保证时，无粘结预应力筋可不作油脂量和护套厚度的抽样检验。

　　检查数量：按现行行业标准《无粘结预应力钢绞线》JG 161 的规定确定。

　　检验方法：观察，检查质量证明文件和抽样检验报告。

6.2.3　预应力筋用锚具应和锚垫板、局部加强钢筋配套使用，锚具、夹具和连接器进场

时，应按现行行业标准《预应力筋用锚具、夹具和连接器应用技术规程》JGJ 85 的相关规定对其性能进行检验，检验结果应符合该标准的规定。

锚具、夹具和连接器用量不足检验批规定数量的 50%，且供货方提供有效的检验报告时，可不作静载锚固性能检验。

检查数量：按现行行业标准《预应力筋用锚具、夹具和连接器应用技术规程》JGJ 85 的规定确定。

检验方法：检查质量证明文件、锚固区传力性能试验报告和抽样检验报告。

6.2.4 处于三 a、三 b 类环境条件下的无粘结预应力筋用锚具系统，应按现行行业标准《无粘结预应力混凝土结构技术规程》JGJ 92 的相关规定检验其防水性能，检验结果应符合该标准的规定。

检查数量：同一品种、同一规格的锚具系统为一批，每批抽取 3 套。

检验方法：检查质量证明文件和抽样检验报告。

6.2.5 孔道灌浆用水泥应采用硅酸盐水泥或普通硅酸盐水泥，水泥、外加剂的质量应分别符合本规范第 7.2.1 条、第 7.2.2 条的规定；成品灌浆材料的质量应符合现行国家标准《水泥基灌浆材料应用技术规范》GB/T 50448 的规定。

检查数量：按进场批次和产品的抽样检验方案确定。

检验方法：检查质量证明文件和抽样检验报告。

一 般 项 目

6.2.6 预应力筋进场时，应进行外观检查，其外观质量应符合下列规定：

1 有粘结预应力筋的表面不应有裂纹、小刺、机械损伤、氧化铁皮和油污等，展开后应平顺、不应有弯折；

2 无粘结预应力钢绞线护套应光滑、无裂缝，无明显褶皱；轻微破损处应外包防水塑料胶带修补，严重破损者不得使用。

检查数量：全数检查。

检验方法：观察。

6.2.7 预应力筋用锚具、夹具和连接器进场时，应进行外观检查，其表面应无污物、锈蚀、机械损伤和裂纹。

检查数量：全数检查。

检验方法：观察。

6.2.8 预应力成孔管道进场时，应进行管道外观质量检查、径向刚度和抗渗漏性能检验，其检验结果应符合下列规定：

1 金属管道外观应清洁，内外表面应无锈蚀、油污、附着物、孔洞；金属波纹管不应有不规则褶皱，咬口应无开裂、脱扣；钢管焊缝应连续；

2 塑料波纹管的外观应光滑、色泽均匀，内外壁不应有气泡、裂口、硬块、油污、附着物、孔洞及影响使用的划伤；

3 径向刚度和抗渗漏性能应符合现行行业标准《预应力混凝土桥梁用塑料波纹管》JT/T 529 或《预应力混凝土用金属波纹管》JG 225 的规定。

检查数量：外观应全数检查；径向刚度和抗渗漏性能的检查数量应按进场的批次和产品的抽样检验方案确定。

检验方法：观察，检查质量证明文件和抽样检验报告。

6.3 制作与安装

主 控 项 目

6.3.1 预应力筋安装时，其品种、规格、级别和数量必须符合设计要求。

检查数量：全数检查。

检验方法：观察，尺量。

6.3.2 预应力筋的安装位置应符合设计要求。

检查数量：全数检查。

检验方法：观察，尺量。

一 般 项 目

6.3.3 预应力筋端部锚具的制作质量应符合下列规定：

1 钢绞线挤压锚具挤压完成后，预应力筋外端露出挤压套筒的长度不应小于1mm；

2 钢绞线压花锚具的梨形头尺寸和直线锚固段长度不应小于设计值；

3 钢丝镦头不应出现横向裂纹，镦头的强度不得低于钢丝强度标准值的98％。

检查数量：对挤压锚，每工作班抽查5％，且不应少于5件；对压花锚，每工作班抽查3件；对钢丝镦头强度，每批钢丝检查6个镦头试件。

检验方法：观察，尺量，检查镦头强度试验报告。

6.3.4 预应力筋或成孔管道的安装质量应符合下列规定：

1 成孔管道的连接应密封；

2 预应力筋或成孔管道应平顺，并应与定位支撑钢筋绑扎牢固；

3 当后张有粘结预应力筋曲线孔道波峰和波谷的高差大于300mm，且采用普通灌浆工艺时，应在孔道波峰设置排气孔；

4 锚垫板的承压面应与预应力筋或孔道曲线末端垂直，预应力筋或孔道曲线末端直线段长度应符合表6.3.4规定。

检查数量：第1~3款应全数检查；第4款应抽查预应力束总数的10％，且不少于5束。

检验方法：观察，尺量。

表6.3.4 预应力筋曲线起始点与张拉锚固点之间直线段最小长度

预应力筋张拉控制力 N(kN)	$N \leqslant 1500$	$1500 < N \leqslant 6000$	$N > 6000$
直线段最小长度(mm)	400	500	600

6.3.5 预应力筋或成孔管道定位控制点的竖向位置偏差应符合表6.3.5的规定，其合格点率应达到90％及以上，且不得有超过表中数值1.5倍的尺寸偏差。

检查数量：在同一检验批内，应抽查各类型构件总数的10％，且不少于3个构件，每个构件不应少于5处。

检验方法：尺量。

表6.3.5 预应力筋或成孔管道定位控制点的竖向位置允许偏差

构件截面高(厚)度(mm)	$h \leqslant 300$	$300 < h \leqslant 1500$	$h > 1500$
允许偏差（mm）	±5	±10	±15

6.4 张拉和放张

主 控 项 目

6.4.1 预应力筋张拉或放张前，应对构件混凝土强度进行检验。同条件养护的混凝土立方体试件抗压强度应符合设计要求，当设计无具体要求时应符合下列规定：

　　1 应达到配套锚固产品技术要求的混凝土最低强度且不应低于设计混凝土强度等级值的75%；

　　2 对采用消除应力钢丝或钢绞线作为预应力筋的先张法构件，不应低于30MPa。

　　检查数量：全数检查。

　　检验方法：检查同条件养护试件抗压强度试验报告。

6.4.2 对后张法预应力结构构件，钢绞线出现断裂或滑脱的数量不应超过同一截面钢绞线总根数的3%，且每根断裂的钢绞线断丝不得超过一丝；对多跨双向连续板，其同一截面应按每跨计算。

　　检查数量：全数检查。

　　检验方法：观察，检查张拉记录。

6.4.3 先张法预应力筋张拉锚固后，实际建立的预应力值与工程设计规定检验值的相对允许偏差为±5%。

　　检查数量：每工作班抽查预应力筋总数的1%，且不应少于3根。

　　检验方法：检查预应力筋应力检测记录。

一 般 项 目

6.4.4 预应力筋张拉质量应符合下列规定：

　　1 采用应力控制方法张拉时，张拉力下预应力筋的实测伸长值与计算伸长值的相对允许偏差为±6%；

　　2 最大张拉应力应符合现行国家标准《混凝土结构工程施工规范》GB 50666的规定。

　　检查数量：全数检查。

　　检验方法：检查张拉记录。

6.4.5 先张法预应力构件，应检查预应力筋张拉后的位置偏差，张拉后预应力筋的位置与设计位置的偏差不应大于5mm，且不应大于构件截面短边边长的4%。

　　检查数量：每工作班抽查预应力筋总数的3%，且不应少于3束。

　　检验方法：尺量。

6.4.6 锚固阶段张拉端预应力筋的内缩量应符合设计要求；当设计无具体要求时，应符合表6.4.6的规定。

　　检查数量：每工作班抽查预应力筋总数的3%，且不少于3束。

　　检验方法：尺量。

表6.4.6　张拉端预应力筋的内缩量限值

锚具类别		内缩量限值（mm）
支承式锚具 （镦头锚具等）	螺帽缝隙	1
	每块后加垫板的缝隙	1

锚具类别		内缩量限值(mm)
锥塞式锚具		5
夹片式锚具	有顶压	5
	无顶压	6~8

6.5 灌浆及封锚

主 控 项 目

6.5.1 预留孔道灌浆后，孔道内水泥浆应饱满、密实。

检查数量：全数检查。

检验方法：观察，检查灌浆记录。

6.5.2 灌浆用水泥浆的性能应符合下列规定：

1 3h自由泌水率宜为0，且不应大于1%，泌水应在24h内全部被水泥浆吸收；

2 水泥浆中氯离子含量不应超过水泥重量的0.06%；

3 当采用普通灌浆工艺时，24h自由膨胀率不应大于6%；当采用真空灌浆工艺时，24h自由膨胀率不应大于3%。

检查数量：同一配合比检查一次。

检验方法：检查水泥浆性能试验报告。

6.5.3 现场留置的灌浆用水泥浆试件的抗压强度不应低于30MPa。

试件抗压强度检验应符合下列规定：

1 每组应留取6个边长为70.7mm的立方体试件，并应标准养护28d；

2 试件抗压强度应取6个试件的平均值；当一组试件中抗压强度最大值或最小值与平均值相差超过20%时，应取中间4个试件强度的平均值。

检查数量：每工作班留置一组。

检验方法：检查试件强度试验报告。

6.5.4 锚具的封闭保护措施应符合设计要求。当设计无具体要求时，外露锚具和预应力筋的混凝土保护层厚度不应小于：一类环境时20mm，二a、二b类环境时50mm，三a、三b类环境时80mm。

检查数量：在同一检验批内，抽查预应力筋总数的5%，且不应少于5处。

检验方法：观察，尺量。

一 般 项 目

6.5.5 后张法预应力筋锚固后，锚具外预应力筋的外露长度不应小于其直径的1.5倍，且不应小于30mm。

检查数量：在同一检验批内，抽查预应力筋总数的3%，且不应少于5束。

检验方法：观察，尺量。

参考文献

1. 韦仕忠. 钢筋工基本技能. 北京：中国劳动社会保障出版社，2010.

2. 建设部人事教育司. 钢筋工. 北京：中国建筑工业出版社，2007.

3. 梁绍平，梁超. 钢筋巧加工. 北京：中国建筑工业出版社，2010.

4. 茅洪斌. 钢筋翻样方法及实例. 北京：中国建筑工业出版社，2009.

5. 潘全祥. 施工员必读（第二版）. 北京：中国建筑工业出版社，2005.

6. 徐伟. 土木工程施工手册. 北京：中国计划出版社，2009.

7. 《建筑施工手册》编委会. 建筑施工手册（第四版）. 北京：中国建筑工业出版社，2003.

8. 中国建筑工程总公司. 混凝土结构工程施工工艺标准. 北京：中国建筑工业出版社，2007.

9. 国家建筑标准图集. 混凝土结构施工图平面整体表示方法制图规则和构造详图（11G101系列图集）. 北京：中国计划出版社，2011.

10. 国家标准. 混凝土结构设计规范（GB 50010—2010）. 北京：中国建筑工业出版社，2011.

11. 国家标准. 混凝土结构工程施工质量验收规范（GB 50204—2015）. 北京：中国建筑工业出版社，2015.

12. 国家标准. 混凝土结构工程施工规范（GB 50666—2011）. 北京：中国建筑工业出版社，2012.

13. 北京市地方标准. 北京市建筑工程施工安全操作规程（DBJ 01—62—2002）.

14. 国家标准. 建筑机械使用安全技术规程（JGJ 33—2012）. 北京：中国建筑工业出版社，2013.

15. 行业标准. 钢筋焊接及验收规程（JGJ 18—2012）. 北京：中国建筑工业出版社，2013.

16. 国家标准. 建筑结构制图标准（GB 50105—2010）. 北京：中国建筑工业出版社，2011.

17. 国家标准. 建筑制图标准（GB 50104—2010）. 北京：中国建筑工业出版社，2011.

18. 本书编委会. 施工员一本通（第2版）. 北京：中国建筑工业出版社，2013.